电子电气基础课程系列教材

电 子 技 术
（电工学 2）

徐红东　主　编

隋首钢　曲怀敬　苗松池　副主编

王桂娟　吴延荣　张　涛

李艳红　张坤艳　参　编

U0226320

电子工业出版社
Publishing House of Electronics Industry
北京·BEIJING

内 容 简 介

本书是依据教育部电工电子基础课程教学指导委员会制定的电工学课程教学基本要求，为深化教学改革而编写的。

从培养应用型人才的目的出发，在保证必需的理论基础和计算能力的前提下，书中尽量减少复杂的理论推导和计算，着重突出实践和应用能力培养的内容，使电工学教学从理论教学为主转变为理论与实践密切结合的教学方式。前 6 章均包含与教学内容相关的 Multisim 虚拟仿真实验。在数字电子技术部分介绍了常用集成电路芯片及其应用电路。此外，本书配有丰富的 PPT、MOOC 等教学资源。

本书内容包括常用半导体器件、基本放大电路、集成运算放大器、直流稳压电源、门电路与组合逻辑电路、触发器与时序逻辑电路、数/模和模/数转换等。本书与《电工技术（电工学 1）》配套，可作为大学本科非电类专业多学时电工学课程的教材，也可作为相关专业人员的培训教材。

图书在版编目（CIP）数据

电子技术. 电工学. 2 / 徐红东主编. —北京：电子工业出版社，2019.3
ISBN 978-7-121-35495-3

Ⅰ. ①电…　Ⅱ. ①徐…　Ⅲ. ①电子技术 – 高等学校 – 教材②电工 – 高等学校 – 教材　Ⅳ. ①TN②TM

中国版本图书馆 CIP 数据核字（2018）第 251345 号

策划编辑：张小乐
责任编辑：张小乐　　　特约编辑：刘闻雨
印　　刷：保定市中画美凯印刷有限公司
装　　订：保定市中画美凯印刷有限公司
出版发行：电子工业出版社
　　　　　北京市海淀区万寿路 173 信箱　　邮编：100036
开　　本：787×1092　1/16　印张：12　　字数：307 千字
版　　次：2019 年 3 月第 1 版
印　　次：2021 年 7 月第 6 次印刷
定　　价：38.00 元

凡所购买电子工业出版社图书有缺损问题，请向购买书店调换。若书店售缺，请与本社发行部联系，联系及邮购电话：（010）88254888，88258888。

质量投诉请发邮件至 zlts@phei.com.cn，盗版侵权举报请发邮件至 dbqq@phei.com.cn。

本书咨询联系方式：（010）88254462，zhxl@phei.com.cn。

前　　言

本书是根据教育部高等学校电工电子基础课程教学指导委员会制定的电工学课程教学基本要求，结合实际的教学经验，为满足深化教学改革的需求而编写的。

电工学是本科非电类专业的一门重要的技术基础课程，涵盖了电气工程与电子信息工程两大学科的最基本内容。通过本课程的学习，使学生掌握相关学科的基本知识，建立相应的工程意识，培养学生分析和解决相关技术问题的能力，为进一步学习相关专业知识和工程应用打下基础。

本套教材包括《电工技术（电工学 1）》《电子技术（电工学 2）》两本书，适合多学时电工学教学使用，总学时为 90～120 学时。其中，理论课为 80～90 学时，实验课为 30～40 学时。《电工技术（电工学 1）》的内容包括电路理论、电动机及控制、安全用电、EDA 技术等知识；《电子技术（电工学 2）》的内容包括模拟电子技术、数字电子技术等知识。书中标有"*"的章节为选学内容。

随着科学技术的发展和教学改革的深入，电工学教学面临许多问题。其中，最突出的问题是学时数的减少与新知识大量增加的矛盾；学分制与学生选课制的推广、MOOC 等网络课程的建设及其对现有教学秩序的影响；普通高校的本科教学已经从培养研究型人才为主变为培养应用型人才为主；等等。要解决这些问题，就需要对教学内容进行改革，而教材建设就是这些改革过程中的第一步。

本书在编写过程中，力求解决以下几个问题。

（1）教材内容与无纸化考试相结合。

学分制、学生选课制、MOOC 等网络课程的建设和推广，最终必然要求有相应配套的考试制度。目前的考试方式无法满足相应的要求，而无纸化考试能在一定程度上满足要求。采用无纸化考试，学生可以在任何时间、任何地点通过网络参加考试。只有将无纸化考试系统建立起来，学分制、学生选课制、MOOC 等网络课程的建设才能得到更有效的推广。

笔者在建设无纸化考试题库时，深感考试题库的建设必须与相应的教材相配套。在编写教材时，力争在有限的例题与习题中包含各章节的主要考点，以这些例题与习题为基础，建设相应的无纸化考试题库。

（2）减少理论推导，加强应用能力培养。

在保证必备的理论基础和计算能力的前提下，书中尽量减少复杂的理论推导和计算，加强学生应用能力的培养。

（3）加强 EDA 仿真软件 Multisim 的应用。

对 EDA 仿真软件 Multisim 的学习，让学生可以灵活便捷地使用 Multisim 做虚拟仿真实验或课程设计，既提高了教学效果，又能解决实验室资源不足的问题。大力开发虚拟仿真实验项目，有助于全面提高学生的学习与创新能力。《教育部办公厅关于 2017—2020 年开展示范性虚拟仿真实验教学项目建设的通知》（教高厅〔2017〕4 号）指出，2020 年，要在全国建设 1000 项示范性虚拟仿真实验教学项目。本套教材符合该通知的精神，用 1 章的篇幅专门介绍了仿真软件 Multisim 的使用。笔者新开发了大量电工学虚拟仿真实验，并作为本书的内容。

本书通过增加课外实践环节和 Multisim 仿真实验项目，将改变过去对电工学只是理论课的传统认识，恢复电工学既是理论课又是实践课的本来面目。

（4）尽量吸收和引进新的教学改革成果，改善电工学教学。

近十几年来，各高校编写并出版了大量的电工学教材，反映出了诸多值得学习借鉴的教学研究成果。本书尽量吸收和引进这些先进的教学改革成果，以提高电工学教学水平。

笔者将提供与本书配套的 PPT 教学课件等相关的数字化教学资源，各位教师可登录"华信教育资源网（www.hxedu.com.cn）"获取。

本书由徐红东任主编，隋首钢、曲怀敬、苗松池任副主编，李艳红、张坤艳、吴延荣、张涛、王桂娟、张美生等老师参加了部分章节的编写和校对。

由于编者水平有限，书中错误和不妥之处在所难免，恳请广大读者批评指正。

编　者

目　　录

第1章　常用半导体器件

半导体器件是电子电路中重要的组成部分，其基本结构、工作原理、特性和参数是学习电子技术和分析电子电路的基础。本章从介绍半导体的导电特性及 PN 结单向导电性入手，分别介绍二极管、双极型晶体管和场效应晶体管的有关知识，为后续学习打下基础。

1.1　半导体基础知识

1.1.1　半导体及其导电特性

自然界的物质根据导电能力的不同可分为导体、绝缘体和半导体。导体如金属，其导电能力很强；绝缘体如陶瓷、塑料、橡胶、木材等，几乎不导电。而半导体是导电能力介于导体和绝缘体之间的物质，如锗（Ge）、硅（Si）、硒（Se）以及大多数金属氧化物和硫化物等。

半导体的导电能力在不同条件下差别很大，主要特性表现在以下几方面。

（1）热敏性，即半导体对温度的反应特别敏感。如钴、锰、镍等的氧化物，当环境温度升高时，导电能力显著增强。据此可制成各种温度敏感元件，如热敏电阻，用于温度测量、温度控制等电路中。

（2）光敏性，即半导体对光照强度的反应特别敏感。如镉、铅的硫化物，当受光照射时，导电能力显著增强。据此可制成各种光电元件，如光敏电阻、光电二极管、光电晶体管、光电池等，用于光测量、光控制和光电耦合等电路中。

（3）掺杂性，即在纯净半导体中掺入微量的杂质可使其导电能力显著增强。如在纯净硅中掺入百万分之一的硼元素后，电阻率就由 $2.14 \times 10^5 \Omega \cdot cm$ 减小到 $0.4\Omega \cdot cm$，导电能力增加了数十万倍。据此可制成各种不同类型的半导体元器件，如二极管、晶体管、场效应晶体管、晶闸管等，用于各种电子电路中。

半导体的这些导电特性与其内部结构和导电机理有关。

1. 本征半导体

完全纯净、不含杂质且具有晶体结构的半导体称为本征半导体。使用最多的本征半导体是单晶硅和单晶锗。它们都是四价元素，其原子最外层电子轨道上有 4 个价电子。每个原子都与相邻的其他 4 个原子结合，使每个原子的 1 个价电子与另一原子的 1 个价电子组成以共价键结合的公用电子对。单晶体中原子排列方式与单晶硅共价键结构平面示意图分别如图 1-1 和图 1-2 所示。

在绝对零度（$T = -273℃$）时，晶体中的电子被共价键束缚很紧，不能移动。当受到一定能量的外界激发（如受热或光照）时，价电子即可挣脱原子核的束缚，成为自由电子。同时在共价键中留下了一个空位，称为空穴。因原子是电中性的，所以失去电子的原子带正电，就可以吸引附近的价电子来填补这个空穴，从而使相邻的原子产生新的空穴。新的空穴又会吸引它相邻的价电子再进行填补，如图 1-3 所示。如此进行下去，价电子的逐次递补如同空穴的反向运动，形成所谓带正电荷的空穴运动。因此，当半导体两端加上外电压时，自由电子和空穴都将参与导电，形成两部分电流：自由电子定向移动而形成的电子电流和价电子填补空穴而形成的空穴电流。所以自由电子（带负电）和空穴（带正电）都是导电粒子，统称为载流子。空穴的出现和参与导电是半导体区别于导体的一个重要特点。

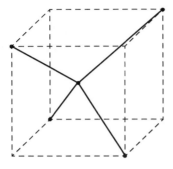

图 1-1　单晶体中原子排列方式

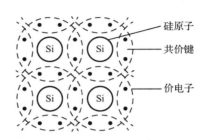

图 1-2　单晶硅共价键结构平面示意图

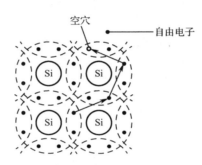

图 1-3　本征半导体中的空穴和自由电子

本征半导体中的自由电子和空穴总是成对出现的，同时又不断成对复合成为不能移动的价电子。在一定温度下，载流子的产生和复合达到动态平衡，使载流子浓度一定，且自由电子数和空穴数相等。如果温度升高，载流子数目将会增多，导电能力亦将增强。所以温度对半导体器件性能影响很大。

2．杂质半导体

本征半导体虽然有两种载流子，但由于数量少，导电能力仍很低。掺入微量杂质（某种元素）的杂质半导体维持原来本征半导体的晶体结构，原子只在少量位置上被杂质取代，可使导电能力大大增强。根据掺入杂质的不同，杂质半导体有两类。

N 型半导体也称为电子型半导体。此类半导体是在单晶硅或单晶锗中掺入磷（P）等五价元素。磷原子最外层 5 个价电子中只能有 4 个参与共价键结构，而剩下的一个价电子很容易挣脱磷原子核的束缚而成为自由电子。于是半导体中自由电子数目大量增加，成为此类半导体的主要载流子，如图 1-4 所示。所以在 N 型半导体中，自由电子是多数载流子，空穴是少数载流子。

P 型半导体也称为空穴型半导体。此类半导体是在单晶硅或单晶锗中掺入硼（B）等三价元素。硼原子最外层只有 3 个价电子，在构成共价键结构时因缺少 1 个价电子而产生 1 个空穴。于是半导体中空穴数目大量增加，成为此类半导体的主要载流子，如图 1-5 所示。所以在 P 型半导体中，空穴是多数载流子，自由电子是少数载流子。

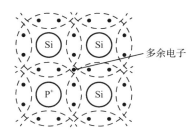

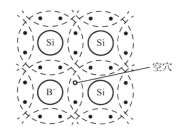

图 1-4　硅晶体中掺磷出现自由电子　　　　　　图 1-5　硅晶体中掺硼出现空穴

需要注意的是，无论 N 型半导体还是 P 型半导体，虽然都有一种载流子占多数，但整个晶体仍然是电中性的。

1.1.2　PN 结及其单向导电性

N 型半导体和 P 型半导体导电能力虽然比本征半导体大大增强，但相比导体仍是不可比拟的。可奇妙的是，将不同掺杂类型和浓度的 N 型半导体和 P 型半导体通过各种方式结合到一起时，却能制作出功能各异、品种繁多的半导体器件。制作这些半导体器件的基础是 PN 结。

1. PN 结的形成

在一块半导体基片的两边，采用一定的工艺制成 N 型半导体和 P 型半导体，其交界面附近形成的空间电荷区，被称作 PN 结。

由于交界面两边的自由电子和空穴浓度不同（N 区自由电子多，P 区空穴多），N 区的自由电子要向 P 区扩散，P 区的空穴要向 N 区扩散。在扩散过程中，自由电子和空穴不断复合，使得交界面 P 区一侧留下一些带负电的不能移动的离子，而 N 区一侧留下一些带正电的不能移动的离子，形成一个空间电荷区，如图 1-6（a）所示。

这个空间电荷区在半导体内部产生内电场，其方向从 N 区指向 P 区，如图 1-6（b）所示。内电场将阻碍多数载流子的扩散运动，同时又促进两侧少数载流子向对侧定向运动（称为漂移运动）。开始时扩散运动占优势，但随着空间电荷区的逐渐加宽，内电场逐步增强，扩散运动逐渐减弱，漂移运动逐渐增强。于是在一定条件下，多数载流子的扩散运动与少数载流子的漂移运动达到动态平衡，空间电荷区的宽度稳定下来，PN 结即形成。

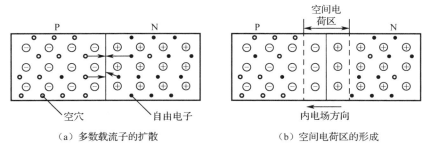

（a）多数载流子的扩散　　　　　　　（b）空间电荷区的形成

图 1-6　PN 结的形成

2．PN 结的单向导电性

在 PN 结上加正向电压（也称为正向偏置），即 P 区接电源正极，N 区接电源负极，如图 1-7 所示。则外加电场削弱内电场，使空间电荷区变窄，多数载流子的扩散运动增强，形成较大的正向扩散电流，PN 结呈现很小的正向电阻。此时 PN 结正向导通。

在 PN 结上加反向电压（也称为反向偏置），即 N 区接电源正极，P 区接电源负极，如图 1-8 所示，则外加电场加强内电场，使空间电荷区变宽，少数载流子的漂移运动增强，形成较小的反向漂移电流，PN 结呈现很大的反向电阻。此时 PN 结反向截止。

温度越高，少数载流子数量越多，反向电流也就越大，所以温度对反向电流的影响很大。

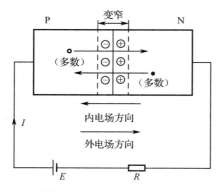

图 1-7　PN 结加正向电压

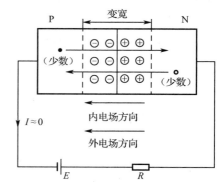

图 1-8　PN 结加反向电压

综上所述，正向导通、反向截止即为 PN 结的单向导电性。

练习与思考

1.1.1　杂质半导体中的多数载流子数量取决于什么因素？少数载流子数量取决于什么因素？

1.1.2　N 型半导体与 P 型半导体内部载流子的数量有何不同？

1.1.3　PN 结的主要特性是什么？

1.2　半导体二极管

1.2.1　基本结构和伏安特性

1．基本结构

在 PN 结的两端加上相应的电极引线并用管壳封装起来，即成为半导体二极管，也称为晶体二极管，简称二极管。P 区的引线称为阳极，N 区的引线称为阴极。其文字符号为 VD，图形符号如图 1-9（a）所示。

二极管按照材料可分为硅管和锗管；按照用途可分为普通二极管、整流二极管、发光二极管、光电二极管、检波二极管、稳压二极管等；按照 PN 结的结构可分为点接触型和面接触型等。点接触型二极管（一般为锗管）如图 1-9（b）所示，PN 结面积很小，不能承受高的反向电压和大电流，但其高频性能好，因而适合用作小电流的整流管、高频检波和脉冲数字电路的开关元件等。面接触型二极管（一般为硅管）如图 1-9（c）所示，PN 结面积大，可承受较大的电流，但其工作频率较低，一般用作整流。

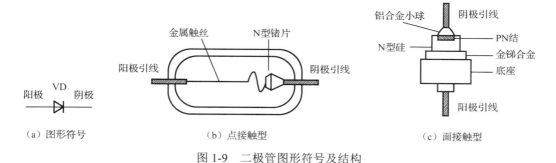

图 1-9　二极管图形符号及结构

2．伏安特性

因二极管内部只有一个 PN 结，所以具有单向导电性。其电流与外加电压的关系特性称为伏安特性。典型的硅二极管伏安特性曲线如图 1-10 所示，由正向特性和反向特性组成。

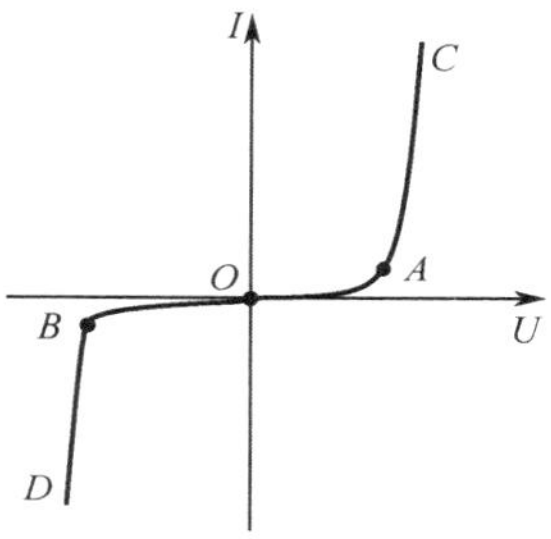

正向特性分为死区（OA 段）和正向导通区（AC 段）。当二极管外加正向电压很低时，由于外电场不足以克服内电场对多数载流子扩散运动的阻力，因此正向电流几乎为零。在特性曲线上对应的这部分区域就称为"死区"。对应死区的最大正向电压称为死区电压，其值与半导体材料及环境温度有关。通常硅管的死区电压约为 0.5V，锗管的死区电压约为 0.1V。

图 1-10　典型的硅二极管的伏安特性曲线

当外加正向电压超过死区电压后，外电场完全抵消了内电场对扩散运动的阻力，正向电流迅速上升，即二极管正向导通。二极管导通后，管子上的压降不大，且当正向电流在较大范围内变化时，压降也变化很小，硅管约为 0.6～0.8V，锗管约为 0.2～0.3V。因此在使用二极管时，若外加正向电压较大，一般要串接限流电阻，以免产生过大的电流烧坏二极管。

反向特性分为反向截止区（OB 段）和反向击穿区（BD 段）。当二极管外加反向电压时，少数载流子的漂移运动形成很小的反向电流，即二极管反向截止。此反向电流受温度影响较大，随温度的上升增长很快，而当温度一定，反向电压不超过某一范围时，其值基本恒定，故称其为反向饱和电流。

当反向电压过高时，反向电流将突然增大，此现象即为击穿，此时的反向电压称为反向击穿电压 $U_{(BR)}$。二极管被击穿后，一般会失去单向导电性，此时如果不对反向电流的数值加以限制将烧坏二极管。所以普通二极管不允许工作在反向击穿区。

1.2.2　主要参数

电子器件的参数是其特性的定量描述，也是实际工作中根据要求选用器件的主要依据。二极管有以下主要参数。

1．最大整流电流 I_{FM}

它是指二极管长时间正常工作时，允许通过的最大正向平均电流。其值由二极管允许的温升所限定。点接触型二极管的最大整流电流在几十毫安以下，面接触型二极管的最大整流电流较大。在实际使用时，流过二极管的平均电流不能超过此值，否则可能会使二极管过热而损坏。

2．最高反向工作电压 U_{RM}

它也称为反向工作峰值电压，是指在保证二极管不被反向击穿的情况下所允许施加的最高反向电压，一般为反向击穿电压的 1/2 或 2/3。点接触型二极管的最高反向工作电压一般是数十伏，面接触型二极管的可达数百伏。在使用时，二极管实际所承受的最高反向电压不能超过此值。

3．最大反向电流 I_{RM}

它是指二极管的电压为最高反向工作电压 U_{RM} 时的反向电流。该电流值大，说明管子的单向导电性能差，并受温度的影响也大。硅管的最大反向电流较小，一般在几个微安以下；锗管的最大反向电流较大，为硅管的几十到几百倍。

1.2.3 等效模型

由二极管的伏安特性可知，二极管是一个非线性元件。为了简化电路的分析与计算，可将二极管用其等效模型代替。在近似计算中，二极管常用到以下两种模型。

1．理想模型

二极管的理想模型如图 1-11（a）所示，当正向偏置时，其管压降为零，相当于开关闭合；当反向偏置时，其电流为零，电阻为无穷大，相当于开关断开。具有这种理想特性的二极管也被称为理想二极管。在实际电路中，当外加电源电压远大于二极管的管压降时，可采用此模型。

2．恒压源模型

二极管的恒压源模型如图 1-11（b）所示，在二极管正向导通时，其管压降为恒定值，即硅管约为 0.7V，锗管约为 0.3V；当反向偏置时，其电流为零，电阻为无穷大。

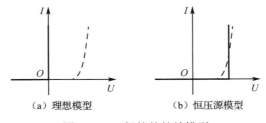

（a）理想模型   （b）恒压源模型

图 1-11 二极管的等效模型

1.2.4 应用电路

二极管利用其单向导电性，可进行整流、检波、限幅、钳位、元件保护以及在数字电路中作开关元件等，应用非常广泛。

分析与计算含有二极管的电路时,首先要判断二极管的工作状态,即导通或截止。方法是先假定把二极管断开,分别计算二极管的阳极与阴极电位,或计算阳极与阴极间的电压。若阳极电位高于阴极电位,或阳极与阴极间的电压值大于零,则二极管正向导通,反之则二极管反向截止。

例 1.2.1 电路如图 1-12 所示,试分别分析二极管为硅管和锗管时,二极管两端的电压和通过二极管的电流。

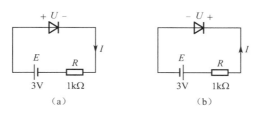

图 1-12 例 1.2.1 的图

答:图 1-12(a)为二极管的正向接法,若为硅管,则二极管两端的电压为 0.7V,通过的电流为 2.3mA;若为锗管,则二极管两端的电压为 0.3V,通过的电流为 2.7mA。

图 1-12(b)为二极管的反向接法,不论硅管和锗管,二极管两端的电压均为 3V,通过的电流均为 0mA。

例 1.2.2 已知图 1-13(a)中输入信号 $u_i = U_m \sin \omega t$,$U_m > U_S$,试画出输出电压 u_o 的波形。假设二极管 VD 为理想二极管。

解:当 $u_i > U_S$ 时,二极管 VD 因阳极电位高于阴极电位而导通,此时 $u_o = U_S$。

当 $u_i < U_S$ 时,二极管 VD 因阳极电位低于阴极电位而截止,此时 $u_o = u_i$。

根据以上分析可画出输出电压 u_o 的波形,如图 1-13(b)所示。二极管在此电路中起限幅的作用。

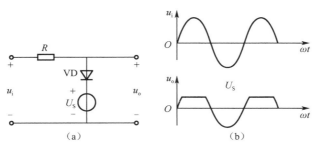

图 1-13 例 1.2.2 的图

例 1.2.3 在图 1-14 中,输入端的电位分别为 $V_A = +3V$,$V_B = 0V$,求输出端 Y 的电位 V_Y。假设二极管 VD1、VD2 均为硅管。

解:虽然二极管 VD1、VD2 均为阳极电位高于阴极电位,但因为 A 端电位比 B 端电位高,所以 VD1 优先导通,则 $V_Y = V_A - 0.7V = +3V - 0.7V = 2.3V$。

VD1 导通后,VD2 将承受反向电压,故而截止。

在此电路中,VD1 起钳位的作用,将 Y 端电位钳制在 2.3V;VD2 起隔离的作用,把输入端 B 与输出端 Y 隔离开来。

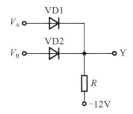

图 1-14 例 1.2.3 的图

1.2.5 特殊二极管

除上述普通二极管外，还有一些具有特殊用途的特殊二极管，常用的有以下几种。

1. 稳压二极管

稳压二极管是一种用特殊工艺制造的面接触型硅二极管。其外形和内部结构与普通二极管相似，在电路中与适当阻值的电阻配合后能起稳定电压的作用，故称为稳压二极管。

稳压二极管的图形符号和伏安特性曲线如图 1-15 所示。从特性曲线可知，其正向特性与普通二极管一样，而反向特性曲线很陡，即反向击穿后，虽然电流在很大范围内变化，但稳压二极管两端的电压变化很小。因此，稳压二极管在实际应用中主要利用这一特性进行稳压。稳压二极管由于制造工艺的特殊性，在一定范围内其反向击穿是可逆的。当反向击穿电压去掉后，稳压二极管可恢复正常。但如果反向电流过大，超过了其允许值，稳压二极管也会发生热击穿而损坏。所以稳压二极管在使用时必须串联一个适当大小的限流电阻。

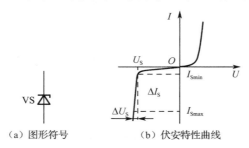

（a）图形符号　　　　（b）伏安特性曲线

图 1-15　稳压二极管的图形符号和伏安特性曲线

稳压二极管的主要参数有以下几个。

（1）稳定电压 U_S。即稳压二极管反向击穿后稳定工作的电压。此数值随工作电流和温度的不同而略有改变，即使同一型号的稳压二极管，稳定电压值也有一定的分散性。例如 2CW14 硅稳压二极管的稳定电压为 6～7.5V。

（2）稳定电流 I_S。指稳压二极管进入反向击穿区所必需的电流参考值。一般当稳压二极管的实际电流大于稳定电流值时，稳压性能较好。为了预防热击穿，对每种型号的稳压二极管，都规定有一个最大稳定电流 I_{SM}。

（3）最大允许耗散功率 P_{SM}。指管子不致发生热击穿的最大功率损耗，其值为 $P_{SM} = U_S I_{SM}$。

（4）动态电阻 r_S。指稳压二极管端电压的变化量与相应的电流变化量的比值，即

$$r_S = \frac{\Delta U_S}{\Delta I_S}$$

$\qquad\qquad$（1-1）

显然，稳压二极管的反向特性曲线越陡，则动态电阻越小，稳压性能越好。

（5）电压温度系数 α_U。指当稳压二极管的电流为常数时，环境温度每变化 1℃引起稳压值变化的百分数。通常，当 $U_S > 7V$ 时，稳压二极管具有正的电压温度系数；当 $U_S < 4V$ 时，具有负的电压温度系数；而当 $4V < U_S < 7V$ 时，电压温度系数接近零。因此选用 4～7V 的稳压二极管可得到较满意的温度稳定性。

2．发光二极管

发光二极管（LED）是一种能将电能转换成光能的半导体器件，由磷砷化镓（GaAsP）、磷化镓（GaP）等半导体材料制成。其图形符号如图 1-16（a）所示。

当给发光二极管外加正向电压时，多数载流子在扩散过程中相遇复合，过剩的能量以光子的形式释放出来，从而产生一定波长的光。光的颜色与所采用的半导体材料及浓度有关，常用的有红、绿、黄、蓝和紫等颜色的发光二极管。

发光二极管的正向工作电压比普通二极管高，约为 1～2V；反向击穿电压比普通二极管低，约为 5V。发光亮度与工作电流有关，一般为几至十几毫安。

由于发光二极管具有体积小、工作电压低、工作电流小、发光均匀稳定、响应速度快和寿命长等优点，是一种优良的光源，目前在各种电子设备、家用电器以及显示装置中得到了广泛的应用。

3．光电二极管

光电二极管又称光敏二极管，是一种将光信号转换成电信号的特殊二极管。它的 P 区比 N 区薄得多，其管壳上嵌有一个玻璃窗口，以便于光线射入。其图形符号如图 1-16（b）所示。

（a）发光二极管　　　（b）光电二极管

图 1-16　发光二极管和光电二极管的图形符号

光电二极管工作在反向偏置状态下。当无光照时，与普通二极管一样，其反向电流很小（一般小于 0.2μA）；当有光照时，其反向电流明显增大，且光照度越强，反向电流越大。所以光电二极管可用来测量光的强度，并可用于需要光电转换的自动探测、计数、控制等装置中。

[练习与思考]

1.2.1　温度如何影响二极管的反向电流？为什么？

1.2.2　能否将 1.5V 的干电池以正向接法接到二极管两端？为什么？

1.2.3　利用稳压管或二极管的正向导通区是否也可以进行稳压？

1.3　双极型晶体管

双极型晶体管，简称晶体管或三极管，是最重要的一种半导体器件，是组成各种电子电路的核心器件，比如利用其放大特性组成各种放大电路，利用其开关特性组成逻辑电路等。晶体管的广泛使用促进了电子技术的飞跃发展。

1.3.1　基本结构

晶体管的种类很多。按工作频率分，有高频管、中频管和低频管；按功率分，有小功率管、中功率管和大功率管；按使用材料分，有硅管和锗管；按制造工艺分，有平面型和合金型。硅管主要是平面型，锗管多是合金型。

晶体管的内部由三层不同类型的半导体构成，即 N、P、N 或 P、N、P 三层，因此有 NPN 型和 PNP 型两类管子，其结构和图形符号如图 1-17 所示，文字符号用 VT 表示。我国生产的硅管多为 NPN 型，锗管多为 PNP 型。

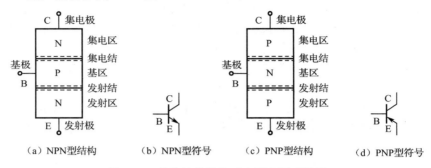

（a）NPN型结构　　　（b）NPN型符号　　　（c）PNP型结构　　　（d）PNP型符号

图 1-17　晶体管的结构示意图和图形符号

晶体管中的三个半导体区域分别称为基区、发射区和集电区，分别引出基极 B、发射极 E 和集电极 C。由此，晶体管中有两个 PN 结，即基区和发射区之间的发射结、基区和集电区之间的集电结。晶体管不是两个 PN 结的简单组合，它是在一块半导体基片上制造出三个不同浓度的掺杂区，形成两个有内在联系的 PN 结。其中发射区的掺杂浓度最高，有利于向基区发射载流子；基区掺杂浓度最低，且很薄，有利于传输载流子；集电区掺杂浓度较大，且集电结面积大，有利于收集载流子和散热。

NPN 型和 PNP 型晶体管的工作原理类似，仅在使用时电源极性连接不同而已。因实际应用中采用 NPN 型晶体管较多，故下面以 NPN 型晶体管为例进行分析，所得结论同样适用于 PNP 型晶体管。

1.3.2　电流分配与放大作用

1. 晶体管放大的外部条件

晶体管在实现电流放大作用时，外加电压必须满足让其"发射结正向偏置，集电结反向偏置"的外部条件，即 NPN 型晶体管各个极的电位满足 $V_C > V_B > V_E$，PNP 型晶体管各个极的电位满足 $V_E > V_B > V_C$，因此晶体管的电流分配与放大可采用如图 1-18 所示的实验电路。图中的晶体管接成两个回路：基极回路和集电极回路，发射极是公共端，故此接法称为晶体管的共发射极接法。

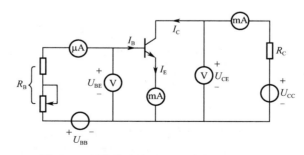

图 1-18　晶体管电流分配与放大的实验电路

2．电流分配与放大作用

改变可变电阻 R_B 的大小，则基极电流 I_B、集电极电流 I_C 和发射极电流 I_E 都随之发生变化，表 1-1 列出了一组实验数据。

表 1-1　晶体管电流测量数据

I_B/mA	0	0.02	0.04	0.06	0.08	0.10
I_C/mA	<0.001	0.70	1.50	2.30	3.10	3.95
I_E/mA	<0.001	0.72	1.54	2.36	3.18	4.05

根据表中数据可得出如下结论。

（1）三个电极的电流符合基尔霍夫电流定律，即

$$I_E = I_C + I_B \tag{1-2}$$

式（1-2）反映了晶体管的电流分配关系。

（2）不仅 I_C、I_E 比 I_B 大得多，而且 I_C 随 I_B 的变化而变化，即基极电流的少量变化 ΔI_B 可以引起集电极电流较大的变化 ΔI_C。以第三、第四列数据为例，I_C 与 I_B 的比值 $\overline{\beta}$ （称为直流电流放大系数）及 ΔI_C 与 ΔI_B 的比值 β（称为交流电流放大系数）分别为

$$\overline{\beta} = \frac{I_C}{I_B} = \frac{1.50\text{mA}}{0.04\text{mA}} = 37.5 \ , \quad \overline{\beta} = \frac{I_C}{I_B} = \frac{2.30\text{mA}}{0.06\text{mA}} = 38.3 \ , \quad \beta = \frac{\Delta I_C}{\Delta I_B} = \frac{(2.30-1.50)\text{mA}}{(0.06-0.04)\text{mA}} = 40$$

也就是说，基极电流 I_B 虽然很小，但对集电极电流 I_C 有控制作用。正是这种小电流对大电流的控制能力，反映了晶体管的电流放大作用。

（3）当 $I_B = 0$（基极开路）时，I_C 很小，用 I_{CEO} 表示，称为穿透电流。

上述结论是由于载流子在晶体管内部的运动规律而造成的，如图 1-19 所示。首先，发射区掺杂浓度较高，且发射结又处于正向偏置，使发射区的多数载流子即自由电子源源不断地扩散到基区，形成发射极电流 I_E；扩散到基区的电子中仅有很少的一部分可以与空穴复合，而接至基区的电源正极不断从基区拉走电子，即好像不断补充基区中被复合掉的空穴，形成较小的基极电流 I_B；大量没有被基区空穴复合掉的自由电子在集电结反向偏置电压的作用下，穿过基区，进入集电区，被集电极电源收集，从而形成较大的集电极电流 I_C。这就是晶体管的电流放大原理。

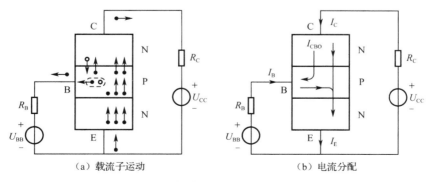

（a）载流子运动　　　　　　（b）电流分配

图 1-19　晶体管内部载流子的运动形成电流

此外，在集电结内电场作用下，集电区的少数载流子（空穴）和基区的少数载流子（自由电子）将向对方进行漂移运动，形成电流 I_{CBO}。此电流数值很小，构成集电极电流 I_C 和基

极电流 I_B 的一小部分，一般情况下可以忽略不计。但 I_{CBO} 受温度影响较大，当温度改变时，会对晶体管基极电流 I_B，尤其是集电极电流 I_C 造成一定影响。

1.3.3 伏安特性曲线

晶体管的伏安特性曲线是表示晶体管各极电压和电流之间相互关系的曲线，反映了晶体管的特性，是分析和设计放大电路的重要依据。最常用的是共发射极接法的输入特性曲线和输出特性曲线。由于晶体管特性的分散性，半导体器件手册中给出的特性曲线只能作为参考，在实际中可用晶体管特性图示仪直观地显示出来，也可以通过实验测得，实验电路如图 1-18 所示。

1. 输入特性曲线

晶体管的输入特性曲线是指当集-射极电压 U_{CE} 为常数时，基极电流 i_B 与基-射极电压 u_{BE} 之间的关系曲线 $i_B = f(u_{BE})$，如图 1-20 所示。

一般情况下，当 $U_{CE} \geq 1V$ 时，集电结已反偏，此时 U_{CE} 再增大对特性曲线的影响很小，即 $U_{CE} > 1V$ 后的输入特性曲线基本上是重合的。所以，通常只画出 $U_{CE} \geq 1V$ 的一条输入特性曲线。

由图 1-20 可知，晶体管的输入特性曲线与二极管的正向伏安特性曲线很相似，也有一段死区。硅管的死区电压约为 0.5V，锗管的死区电压约为 0.1V。导通后，NPN 型硅管的发射结电压 U_{BE} 约为 $0.6 \sim 0.8V$，PNP 型锗管的 U_{BE} 约为 $-0.2 \sim -0.3V$。

2. 输出特性曲线

输出特性曲线是指当基极电流 I_B 为常数时，集电极电流 i_C 与集-射极电压 u_{CE} 之间的关系曲线 $i_C = f(u_{CE})$，如图 1-21 所示。

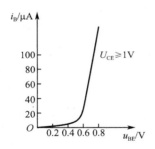
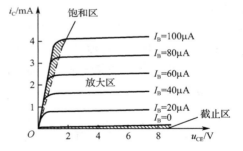

图 1-20　晶体管输入特性曲线　　　　　图 1-21　晶体管输出特性曲线

对于不同的 I_B，所得到的输出特性曲线不同。所以晶体管的输出特性曲线是一族曲线。

通常把晶体管的输出特性曲线族划分为三个工作区，分别对应晶体管的三种工作状态。

（1）放大区。即特性曲线中近似水平直线的区域。该区域里发射结正向偏置，集电结反向偏置。其特点是 I_C 的大小受 I_B 控制，$I_C = \bar{\beta} I_B$，$\bar{\beta}$ 约等于常数，故放大区也称为线性区。由于 i_C 的大小几乎与 u_{CE} 无关，呈现恒流特性，晶体管工作在放大状态时可看作受基极电流控制的受控恒流源。

（2）截止区。对应 $I_B = 0$ 以下的区域。在该区域，$I_C = I_{CEO} \approx 0$，根据图 1-18，有 $U_{CE} \approx U_{CC}$。为使晶体管可靠截止，发射结和集电结都处于反向偏置。

（3）饱和区。即特性曲线靠近纵轴的区域。该区域里发射结、集电结均正向偏置。I_C 的大小不受 I_B 的控制，无电流放大作用。此时，$U_{CE} \approx 0$，根据图 1-18，有 $I_C \approx \dfrac{U_{CC}}{R_C}$。

由上述分析可知，晶体管饱和时，$U_{CE} \approx 0$，发射极与集电极之间相当于一个接通的开关；当晶体管截止时，$I_C \approx 0$，发射极与集电极之间相当于一个断开的开关。所以，晶体管除了具有放大作用，还具有开关作用。

晶体管工作于不同的区域，相应的工作状态分别称为放大状态、截止状态和饱和状态。在电路分析中，常根据晶体管两个 PN 结的偏置电压大小和管子的电流关系判断其工作状态。而在实际电路测试中，则常通过测定各个极的电位判断其工作状态。

1.3.4 主要参数

晶体管的参数用来表示晶体管的性能优劣和适用范围，是设计电路和选用管子的依据。主要参数有以下几个。

1. 电流放大系数 $\bar{\beta}$，β

在共发射极放大电路中，根据工作状态的不同，分别用静态电流（直流）放大系数 $\bar{\beta}$ 和动态电流（交流）放大系数 β 来表示静态（无输入信号状态）和动态（有输入信号状态）时晶体管的电流放大能力。分别用式（1-3）、式（1-4）表示：

$$\bar{\beta} = \frac{I_C}{I_B} \tag{1-3}$$

$$\beta = \frac{\Delta I_C}{\Delta I_B} \tag{1-4}$$

显然，$\bar{\beta}$ 和 β 的含义是不同的，但在输出特性曲线族线性比较好（平行、等间距）且 I_{CEO} 较小的情况下，两者的数值差别很小。在一般工程估算中，可认为 $\bar{\beta} \approx \beta$。

由于制造工艺的分散性，即使同型号的管子，β 值也有差异，常用晶体管的 β 值通常为 20～100。β 值太小，放大作用差；β 值太大，管子性能不稳定。一般放大电路采用 β 值为 30～80 的晶体管为宜。

2. 极间反向电流

（1）集-基极间反向饱和电流 I_{CBO}。指发射极开路，集电结反向偏置时，集电区和基区中少数载流子向对方运动所形成的电流。它跟单个 PN 结的反向饱和电流一样，受温度的影响大，会影响晶体管工作的稳定性，所以 I_{CBO} 越小越好。小功率锗管的 I_{CBO} 约为几微安至几十微安，小功率硅管的 I_{CBO} 在 $1\mu A$ 以下。

（2）集-射极间穿透电流 I_{CEO}。指基极开路，集电结反向偏置、发射结正向偏置时的集电极电流。由于这个电流由集电极穿过基区流到发射极，故称为穿透电流。根据晶体管的电流分配关系可知，$I_{CEO} = (1+\beta)I_{CBO}$，所以 I_{CEO} 较 I_{CBO} 受温度的影响更大。小功率锗管的 I_{CEO} 约为几十微安，小功率硅管的 I_{CEO} 约为几微安。在温度变化范围大的工作环境，放大电路晶体管应选用硅管。

3．极限参数

晶体管的极限参数限定了使用时不允许超过的限度。

（1）集电极最大允许电流 I_{CM}。晶体管集电极电流 I_C 超过一定值时，β 值就要显著下降，甚至可能损坏晶体管。I_{CM} 表示 β 值下降到正常值的三分之二时的集电极电流。

（2）集-射极反向击穿电压 $U_{(BR)CEO}$。指基极开路时，加在集电极与发射极间的最大允许电压。当 $U_{CE} > U_{(BR)CEO}$ 时，I_{CEO} 急剧增大，表示晶体管已被反向击穿，造成晶体管损坏。使用时应根据电源电压 U_{CC} 选取 $U_{(BR)CEO}$，一般使 $U_{(BR)CEO} > (2\sim3)U_{CC}$。

（3）集电极最大允许耗散功率 P_{CM}。由于集电极电流在流经集电结时将产生热量，使结温升高，从而引起参数的变化，甚至烧坏晶体管，所以晶体管的结温有一定限度。一般硅管的最高结温约为 150℃，锗管为 70℃～90℃。根据管子的允许结温定出了集电极最大允许耗散功率 P_{CM}，工作时管子消耗的功率必须小于 P_{CM}。由 $P_{CM} = I_C U_{CE}$，可在晶体管的输出特性曲线族上作出 P_{CM} 曲线。

由 I_{CM}、$U_{(BR)CEO}$ 和 P_{CM} 三个极限参数共同确定了晶体管的安全工作区，如图 1-22 所示。

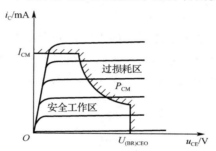

图 1-22 晶体管的安全工作区

1.3.5 特殊三极管

1．光电三极管

光电三极管也称为光敏三极管，是将光信号转换成电流信号的半导体器件，并且还能把光电流放大 β 倍。其等效电路和图形符号如图 1-23 所示。

将一个发光二极管和一个光电三极管封装在一起，可制造出光电耦合器，其图形符号如图 1-24 所示。在光电耦合器的输入端加电信号时，发光二极管发光，光电三极管收到光照后产生光电流，由输出端引出，便可实现电-光-电的传输和转换。

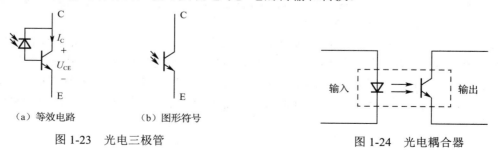

（a）等效电路　　　（b）图形符号

图 1-23 光电三极管　　　　　　　图 1-24 光电耦合器

光电耦合器以光为媒介实现电信号的传输，但输入端与输出端在电气上是绝缘的，因此能有效地抗干扰、隔噪声。另外它还具有响应速度快、工作稳定可靠、寿命长、传输信号失真小、工作频率高等优点，以及具有完成电平转换、实现电位隔离等功能。因此，它在电子技术中得到越来越广泛的应用。

2．达林顿三极管

达林顿三极管又称为复合管。它由两只输出功率大小不等的晶体管按一定接线规律复合而成。根据内部两种类型晶体管复合的情况不同，有 4 种形式的达林顿三极管。复合管的极性取决于第一只晶体管，图 1-25（a）可等效为一个 NPN 型晶体管，图 1-25（b）可等效为一个 PNP 型晶体管。复合管的电流放大系数近似为两管电流放大系数的乘积。达林顿三极管主要作为功率放大管和电源调整管使用。

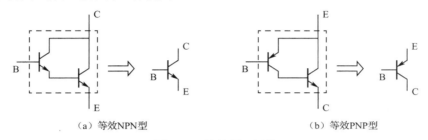

（a）等效NPN型　　　　　　　　　　　（b）等效PNP型

图 1-25　达林顿三极管

练习与思考

1.3.1　晶体管的发射极和集电极是否可以调换使用，为什么？

1.3.2　如何用万用表判断出一个晶体管是 NPN 型还是 PNP 型？如何判断管子的三个引脚？又如何判断管子是硅管还是锗管？

1.3.3　有两个晶体管，其中一个晶体管的 $\bar{\beta}=50$，$I_{CBO}=0.5\mu A$；另一个晶体管的 $\bar{\beta}=150$，$I_{CBO}=2mA$，如果其他参数一样，选用哪个晶体管较好？为什么？

1.3.4　温度升高后，晶体管的集电极电流有无变化，为什么？

1.3.5　将一个 PNP 型晶体管接成共发射极的电路，要使它具有电流放大作用，试画出电路。

1.4　场效应晶体管*

场效应晶体管简称场效晶体管或场效应管，其外形与普通晶体管相似，但二者的工作机理和控制特性却截然不同。普通晶体管中参与导电的有两种载流子（也称为双极型晶体管），是一种电流控制元件，即通过控制基极电流达到控制集电极电流或发射极电流的目的，所以信号源必须提供一定的电流才能工作。晶体管的输入电阻较低，仅有 $10^2 \sim 10^4 \Omega$。而场效应晶体管只有一种载流子参与导电（也称为单极型晶体管），是一种电压控制元件，其输出电流决定于输入端电压的大小，故不需要信号源提供电流。场效应晶体管的输入电阻很高，可达 $10^9 \sim 10^{14} \Omega$。此外，场效应晶体管还具有稳定性好、噪声低、制造工艺简单、便于集成等优点，所以已被广泛应用于放大电路和数字电路中。

场效应晶体管按参与导电的载流子，可分为 N 沟道器件（载流子为自由电子）和 P 沟道器件（载流子为空穴）；按工作状态，可分为增强型与耗尽型两类；按结构，可分为结型和绝缘栅型。本书中只简单介绍绝缘栅型场效应晶体管。

1.4.1 绝缘栅型场效应晶体管

绝缘栅型场效应晶体管通常由金属、氧化物和半导体制成，所以称为金属-氧化物-半导体场效应晶体管，或简称为 MOS 管。

1. 结构与工作原理

图 1-26（a）所示为 N 沟道绝缘栅型场效应晶体管的结构示意图。它是以 P 型硅作衬底，用扩散的方法在硅中做成两个高掺杂的 N^+ 区，然后分别用金属铝引出两个电极，称为漏极 D 和源极 S。再在两个 N^+ 扩散区之间的 P 型硅表面上生成一薄层二氧化硅（SiO_2）绝缘体，在它上面再生成一层金属铝，并引出一个电极，称为栅极 G。

如果在制造 MOS 管时，在 SiO_2 绝缘层中掺入大量的正离子产生足够强的内电场，使得 P 型衬底的硅表层的多数载流子空穴被排斥开，从而感应出很多电子使漏极和源极之间形成 N 型导电沟道（电子沟道）。即使栅-源极之间不加电压，即 $U_{GS} = 0$，漏-源极之间已经存在原始导电沟道，这种场效应管称为耗尽型场效应晶体管。N 沟道耗尽型场效应管的图形符号如图 1-26（b）所示。

如果在 SiO_2 绝缘层中掺入的正离子数量少或不掺入正离子，不能产生原始导电沟道，只有在栅-源极之间加正向电压，即 $U_{GS} > 0$ 时，漏-源极之间才能形成导电沟道，这种场效应管称为增强型场效应晶体管。N 沟道增强型场效应管的图形符号如图 1-26（c）所示。

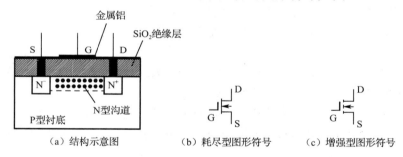

（a）结构示意图　　　　（b）耗尽型图形符号　　　（c）增强型图形符号

图 1-26　N 沟道绝缘栅型场效应晶体管

场效应管的工作主要表现在栅-源极之间电压 U_{GS} 对漏-源极之间电流 I_D 的控制作用。以 N 沟道场效应管为例，若漏-源极之间电压 U_{DS} 为常数，当栅-源极之间电压 U_{GS} 增大时，栅极与衬底之间的电场增强，导电沟道变宽，等效电阻变小，漏极电流 I_D 增大；当栅-源极之间电压 U_{GS} 减小时，漏极电流 I_D 减小。

图 1-27 所示为 P 沟道绝缘栅型场效应晶体管的结构示意图和图形符号。它与 N 沟道绝缘栅型场效应晶体管的工作原理是一样的，只是两者电源极性、电流方向相反而已。这和 NPN 型晶体管与 PNP 型晶体管的电源极性、电流方向相反的情况是相同的。

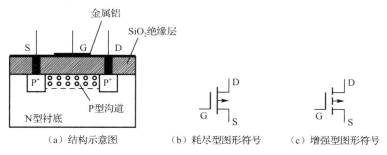

（a）结构示意图　　　（b）耗尽型图形符号　　　（c）增强型图形符号

图 1-27　P 沟道绝缘栅型场效应晶体管

2．特性曲线

（1）转移特性曲线

转移特性是指在漏-源极电压 U_{DS} 一定的条件下，漏极电流 i_D 与栅-源极电压 u_{GS} 之间的关系。图 1-28（a）是 N 沟道耗尽型场效应晶体管的转移特性曲线。当 $U_{GS} = 0$ 时，漏-源极之间已经有原始导电沟道可以导电，这时流过场效应管的电流称为漏极饱和电流 I_{DSS}。当 $U_{GS} > 0$ 时，在 N 沟道内感应出更多的电子，使沟道变宽，i_D 增大；当 $U_{GS} < 0$ 时，在 N 沟道内感应出一些正电荷与电子复合，使 N 沟道变窄，i_D 减小。当 U_{GS} 达到一定负值时，导电沟道内的载流子（电子）因复合而耗尽，沟道被夹断，$i_D \approx 0$，此时的 U_{GS} 称为夹断电压 $U_{GS(off)}$。

实验表明，在 $U_{GS(off)} \leqslant U_{GS} \leqslant 0$ 范围内，耗尽型场效应晶体管的转移特性可近似用式（1-5）表示：

$$i_D = I_{DSS}\left(1 - \frac{U_{GS}}{U_{GS(off)}}\right)^2 \tag{1-5}$$

（2）输出特性曲线

输出特性是指在栅-源极电压 U_{GS} 一定的条件下，漏极电流 i_D 与漏-源极电压 u_{DS} 之间的关系。图 1-28（b）是 N 沟道耗尽型场效应晶体管的输出特性曲线，它可以分为两个区域。

可变电阻区（Ⅰ区）：i_D 基本与 u_{DS} 成线性关系，场效应管可被看作一个受栅-源极电压 U_{GS} 控制的可变电阻区。

线性放大区（Ⅱ区）：当 U_{GS} 为某个常数时，i_D 几乎不随 u_{DS} 的变化而变化，i_D 趋于饱和，特性曲线近似平行于横轴。实际上，在该区域 i_D 随 U_{GS} 线性变化。

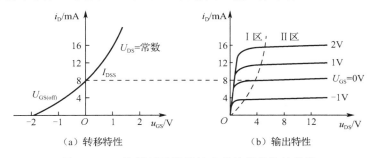

（a）转移特性　　　（b）输出特性

图 1-28　N 沟道耗尽型场效应晶体管的特性曲线

图 1-29（a）是 N 沟道增强型场效应晶体管的转移特性曲线，该曲线可用式（1-6）表示为

$$i_D = I_{DO}\left(\frac{u_{GS}}{U_{GS(th)}} - 1\right)^2 \tag{1-6}$$

式中，I_{DO} 是 $u_{GS} = 2U_{GS(th)}$ 时对应的漏极电流值；$U_{GS(th)}$ 称为开启电压，是当 U_{DS} 一定时，可将漏-源极间沟道连通的最小栅-源极之间的电压。由于 N 沟道增强型场效应管无原始导电沟道，必须使栅-源极电压 U_{GS} 大于开启电压 $U_{GS(th)}$ 后才形成导电沟道。

图 1-29（b）是 N 沟道增强型场效应晶体管的输出特性曲线。与 N 沟道耗尽型场效应晶体管不同的是，增强型场效应晶体管在栅-源极电压 u_{GS} 为正时，才能控制漏极电流 i_D，而耗尽型场效应晶体管不论栅-源极电压 u_{GS} 为正为负或是零，都能控制漏极电流 i_D，其应用更具灵活性。一般情况下，N 沟道耗尽型场效应晶体管工作在负栅-源极电压状态。

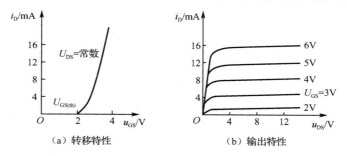

（a）转移特性　　　　　　　　（b）输出特性

图 1-29　N 沟道增强型场效应晶体管的特性曲线

1.4.2　主要参数

1．直流参数

除了饱和漏极电流 I_{DSS}、夹断电压 $U_{GS(off)}$、开启电压 $U_{GS(th)}$，场效应晶体管的直流参数还有栅-源极直流输入电阻 R_{GS}。它是栅-源极之间所加电压与产生的栅极电流之比。由于绝缘栅型场效应管栅极电流几乎为零，故其输入电阻大于 $10^9\Omega$。这一参数有时以栅极电流 I_G 表示。

2．交流参数

跨导 g_m，指在漏-源极之间的电压 U_{DS} 为某个固定值时，栅极输入电压每变化 1V 所引起的漏极电流 I_D 的变化量，用式（1-7）表示。它是衡量场效应晶体管放大能力的一个重要参数（相当于晶体管的 β）。

$$g_m = \left.\frac{\Delta I_D}{\Delta U_{GS}}\right|_{U_{DS}=常数} \tag{1-7}$$

跨导 g_m 的单位为 mA/V，其大小是转移特性曲线在工作点的斜率，所以可从转移特性曲线上求得。显然，g_m 的大小与场效应管工作点的位置有关。

3．极限参数

最大漏-源极击穿电压 $U_{(BR)DS}$，指漏极、源极之间的反向击穿电压，即漏极电流 I_D 开始急剧上升时的 U_{DS} 值。

使用绝缘栅型场效应管时，除了注意不要超过它的额定漏-源极电压 U_{DS}、栅-源极电压

U_{GS}、最大耗散功率 P_{DSM} 和饱和漏极电流 I_{DSS}，还要注意可能出现栅极感应电压过高而造成绝缘层的击穿问题。因此，在保存场效应管时须将三个电极短接；使用时栅–源极间要有直流通路；焊接时外壳应事先接地，并按源极–漏极–栅极的顺序焊接。

表 1-2 中将场效应晶体管与双极型晶体管进行了比较。

表 1-2 双极型晶体管与场效应晶体管的比较

项目 ＼ 器件名称	双极型晶体管	场效应晶体管
载流子	两种载流子（电子与空穴）同时参与导电	一种载流子（电子或空穴）参与导电
控制方式	电流控制	电压控制
类型	NPN 型与 PNP 型	N 沟道与 P 沟道
放大参数	β = 20～100	g_m = 1～5mA/V
输入电阻	10^2～$10^4\Omega$	10^9～$10^{14}\Omega$
输出电阻	r_{ce} 很高	r_{ds} 很高
热稳定性	差	好
制造工艺	较复杂	简单，成本低
对应极	基极–栅极，发射极–源极，集电极–漏极	

练习与思考

1.4.1 为什么说双极型晶体管是电流控制器件，而场效应晶体管是电压控制器件？

1.4.2 耗尽型 MOS 管与增强型 MOS 管有何主要区别？

1.4.3 为什么绝缘栅型场效应晶体管的栅极不能开路？

1.5 Multisim 14 仿真实验 二极管单向导电特性

1. 实验内容

二极管的单向导电特性实验电路如图 1-30 所示。电路中两个电源 V1、V2 串联相加，接到二极管两端。加正向电压时，二极管导通；加反向电压时，二极管截止。用示波器观测 u_o 的波形。通过该实验，验证所学电路的理论知识，并进一步熟悉示波器的使用。

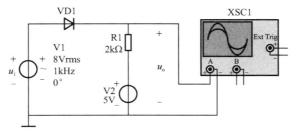

图 1-30 二极管单向导电特性的实验电路

2. 实验步骤

（1）构建电路

选取并放置交流电压源 V1（类型为 POWER_SOURCE，AC_POWER），设置其电压有效值为 8V，频率为 1kHz（双击电压源，通过属性 Value 设置）。

选取并放置直流电压源 V2（类型为 POWER_SOURCE，DC_POWER），设置其电压值为 5V（双击电压源，通过属性 Value 设置）。

选取并放置接地符号 GROUND。

选取并放置电阻 R1，选择电阻值为 2kΩ。

选取并放置理想二极管 VD1（类型为 Diodes/DIODES_VIRTUAL/DIODE）。

通过菜单 Place/Text，在电路中放置文字标记 u_i 和 u_o。

放置示波器，用于观测 u_o 的波形。

（2）运行电路，观测 u_o 的波形

运行电路，调整示波器的设置，观测 u_o 的波形。示波器的设置及 u_o 的波形如图 1-31 所示。

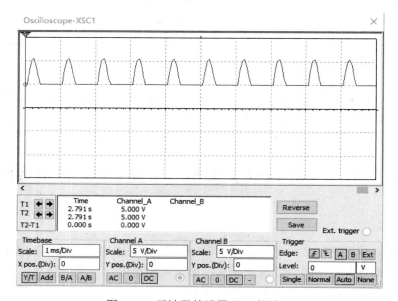

图 1-31　示波器的设置及 u_o 的波形

（3）扩展实验内容

在图 1-30 所示的电路中，通过交换二极管 VD1 和电阻 R1 位置，或改变二极管 VD1 的方向，输出电压 u_o 的波形会发生变化，试观测之。

练习与思考

构建图 1-32 所示的电路，进行稳压管导电特性的实验，观测稳压管两端电压的波形。图中的 VD1 为理想稳压管（类型为 Diodes/DIODES_VIRTUAL/ZENER），其稳压值为 5V。

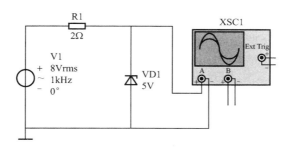

图 1-32 稳压管导电特性实验

本 章 小 结

1．本征半导体具有热敏性、光敏性和掺杂性等导电特性。本征半导体中掺入不同的杂质可形成 N 型半导体和 P 型半导体。半导体中参与导电的粒子有自由电子和空穴两种载流子。

2．PN 结是半导体器件的基础结构。它具有单向导电性：当正向偏置（P 区电位高于 N 区）时，呈低阻导通状态；当反向偏置时，呈高阻截止状态。

3．二极管内部只有一个 PN 结，单向导电性是其基本特性，可用伏安特性曲线来全面描述。

4．稳压二极管正常稳压时工作在反向可逆击穿状态。

5．双极型晶体管是由两个 PN 结组成的三端有源器件，分 NPN 型和 PNP 型，两者电压、电流的实际方向相反。三个端子分别为基极 B、集电极 C 和发射极 E，两个 PN 结分别为集电结和发射结。当发射结正向偏置，集电结反向偏置时，晶体管具有电流放大作用。表征晶体管性能的有输入特性和输出特性。从输出特性上可以看出，可以用改变基极电流的方法控制集电极电流，所以晶体管是一种电流控制电流器件。

6．与双极型晶体管有两种载流子参与导电不同，场效应晶体管只依靠一种载流子导电，是单极型器件，而且它是一种电压控制电流器件。

习 题

1-1 在本征半导体中加入（　　）元素可形成 N 型半导体，加入（　　）元素可形成 P 型半导体。

　　A．五价　　　　　　　　B．四价　　　　　　　　C．三价

1-2 对半导体而言，其正确的说法是（　　）。

　　A．P 型半导体中由于多数载流子为空穴，所以它带正电

　　B．N 型半导体中由于多数载流子为自由电子，所以它带负电

　　C．P 型半导体和 N 型半导体本身都不带电

1-3 PN 结加正向电压时，空间电荷区将（　　）。

　　A．变窄　　　　　　　　B．变宽　　　　　　　　C．基本不变

1-4 下列关于二极管伏安特性曲线的叙述错误的是（　　）。

　　A．存在一死区电压，若正向电压小于此值，电流几乎为零

　　B．当正向电压超过死区电压后，电流增长很快

C. 对硅管来说，其正向导通压降约为 0.6～0.8V

D. 二极管加上反向电压形成很小的反向电流，此电流基本稳定，不随温度变化而变化

1-5 当温度升高时，二极管的反向饱和电流将（　　）。

A. 增大　　　　　　　B. 减小　　　　　　　C. 不变

1-6 稳压管的稳压区是其工作在（　　）区。

A. 正向导通　　　　　B. 反向截止　　　　　C. 反向击穿

1-7 当晶体管工作在放大区时，发射结电压和集电结电压应为（　　）。

A. 前者反向偏置，后者也反向偏置

B. 前者正向偏置，后者反向偏置

C. 前者正向偏置，后者也正向偏置

1-8 对晶体管的输出特性曲线来说，下面的叙述错误的是（　　）。

A. 此特性曲线可分为 3 个工作区，分别对应晶体管的 3 种工作状态

B. 工作于放大区时，发射结正向偏置，集电结反向偏置

C. 截止区就是晶体管基极电流等于零曲线以下的部分

D. 工作于饱和区时，集电结正向偏置，基极电流 I_B 对集电极电流 I_C 的影响仍然很大

1-9 工作在放大区的某晶体管，当 I_B 从 12μA 增大到 22μA 时，I_C 从 1mA 增大到 2mA，则其 β 值约为（　　）。

A. 83　　　　　　　　B. 91　　　　　　　　C. 100

1-10 在放大电路中，若测得某晶体管 3 个极的电位分别为 6V、1.2V、1V，则该管为（　　）。

A. NPN 型硅管　　B. NPN 型锗管　　　C. PNP 型硅管　　　D. PNP 型锗管

1-11 对某电路中一个 NPN 型硅管进行测试，测得 $U_{BE} > 0$，$U_{BC} > 0$，$U_{CE} > 0$，则该管工作在（　　）。

A. 放大区　　　　　　B. 饱和区　　　　　　C. 截止区

1-12 对某电路中一个 NPN 型硅管进行测试，测得 $U_{BE} > 0$，$U_{BC} < 0$，$U_{CE} > 0$，则该管工作在（　　）。

A. 放大区　　　　　　B. 饱和区　　　　　　C. 截止区

1-13 对某电路中一个 NPN 型硅管进行测试，测得 $U_{BE} < 0$，$U_{BC} < 0$，$U_{CE} > 0$，则该管工作在（　　）。

A. 放大区　　　　　　B. 饱和区　　　　　　C. 截止区

1-14 有 3 只晶体管，除 β 和 I_{CEO} 不同外，其余参数大致相同。用作放大器件时应选用（　　）为好。

A. $\beta = 50$，$I_{CEO} = 10μA$

B. $\beta = 150$，$I_{CEO} = 200μA$

C. $\beta = 10$，$I_{CEO} = 5μA$

1-15 晶体管的控制方式为（　　）。

A. 输入电流控制输出电压

B. 输入电流控制输出电流

C．输入电压控制输出电压

1-16　当场效应管的漏极直流电流 I_D 从 2mA 变为 4mA 时，它的跨导 g_m 将（　　　）。

A．增大　　　　　　　　B．减小　　　　　　　　C．不变

1-17　当 $U_{GS} = 0$ 时，能够工作在恒流区的场效应管是（　　　）。

A．增强型 MOS 场效应管

B．耗尽型 MOS 场效应管

C．增强型或耗尽型 MOS 场效应管均可

1-18　二极管电路如图 1-33 所示，试判断二极管的工作状态，并确定各电路的输出电压 U_o 的大小。假设二极管为理想二极管。

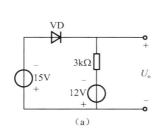 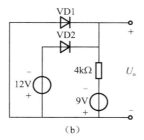

图 1-33　习题 1-18 的图

1-19　图 1-34 所示电路中，已知输入信号 $u_i = 10\sin\omega t$ V，试分别画出输出电压 u_o 的波形。假设二极管为理想二极管。

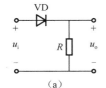 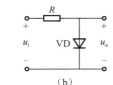 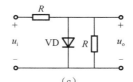 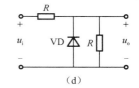

图 1-34　习题 1-19 的图

1-20　图 1-35 所示的各电路中，已知 $U_S = 5$V，输入信号 $u_i = 10\sin\omega t$ V，试分别画出输出电压 u_o 的波形。假设二极管为理想二极管。

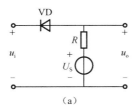 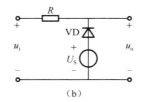

图 1-35　习题 1-20 的图

1-21　试求图 1-36 所示电路中下列三种情况下输出端 Y 的电位 V_Y 及各元件（R、VD1、VD2）中通过的电流：（1）$V_A = V_B = 0$V；（2）$V_A = +3$V，$V_B = 0$V；（3）$V_A = V_B = +3$V。假设各二极管均为理想二极管。

1-22　已知稳压二极管的稳定电压 $U_S = 6$V，稳定电流的最小值 $I_{Smin} = 5$mA，最大耗散功率 $P_{SM} = 150$mW。试求图 1-37 所示电路中电阻 R 的取值范围。

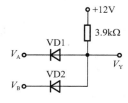
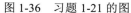

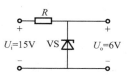

图 1-36　习题 1-21 的图　　　　　图 1-37　习题 1-22 的图

1-23　在图 1-38 所示电路中，$U_i = 20V$，$R_1 = 900\Omega$，$R_2 = 1100\Omega$。稳压二极管的稳定电压 $U_S = 10V$，最大稳定电流 $I_{SM} = 8mA$。试求稳压二极管中通过的电流 I_S，是否超过 I_{SM}？如果超过，如何解决？

1-24　有两个稳压二极管 VS1 和 VS2，其稳定电压分别为 5.5V 和 8.5V，正向压降都是 0.5V。如果要得到 0.5V、3V、6V、9V 和 14V 几种稳定电压，这两个稳压二极管（包括限流电阻）应该如何连接？试画出各个电路。

1-25　测得工作在放大电路中两个晶体管的两个极的电流如图 1-39 所示，试分别求另一个极的电流大小，标出其实际方向，在圆圈中画出晶体管的图形符号，并估算 $\bar{\beta}$ 值。

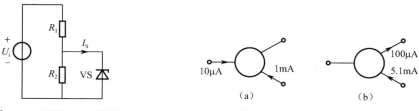

图 1-38　习题 1-23 的图　　　　　图 1-39　习题 1-25 的图

1-26　分别测得两个放大电路中晶体管各个极的电位为（1）6V，1.3V，2V；（2）-9V，-6.2V，-6V。试分别判断这两个晶体管的结构类型和材料类型，并分别识别 3 个极的对应关系。

1-27　分别测得 3 个晶体管共发射极电路中硅型晶体管各电极电位值为：（1）$V_C = 6V$，$V_B = 2V$，$V_E = 1.3V$；（2）$V_C = 5.7V$，$V_B = 6V$，$V_E = 5.4V$；（3）$V_C = -3V$，$V_B = 4V$，$V_E = 3.6V$。试判断各晶体管的结构类型及工作状态。

1-28　已知某晶体管的极限参数为 $I_{CM} = 20mA$，$P_{CM} = 200mW$，$U_{(BR)CEO} = 15V$。若它的工作电流 $I_C = 10mA$，那么它的工作电压 U_{CE} 不能超过多少？若它的工作电压 $U_{CE} = 12V$，那么它的工作电流 I_C 不能超过多少？

1-29　图 1-40 所示是一个声光报警电路。在正常情况下，B 端电位为 0V；当前接装置发生故障时，B 端电位上升到 +5V。试分析电路工作原理，并说明电阻 R_1 和 R_2 起何作用？

1-30　已知某型号增强型绝缘栅型场效应晶体管的输出特性曲线如图 1-41 所示，试画出它在恒流区的转移特性曲线。

1-31　图 1-42 为某型号场效应晶体管的输出特性曲线，试判断该管子的类型（增强型或耗尽型，N 沟道或 P 沟道），并说明它的夹断电压 $U_{GS(off)}$ 或开启电压 $U_{GS(th)}$ 是多少？

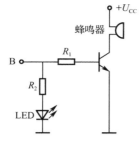

图 1-40　习题 1-29 的图

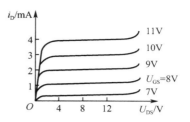

图 1-41　习题 1-30 的图

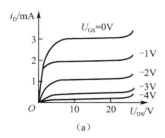

（a）

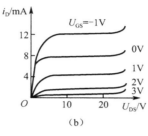

（b）

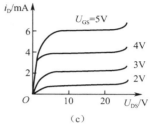

（c）

图 1-42　习题 1-31 的图

第2章 基本放大电路

放大电路是模拟电子电路中最基本、最重要的一种单元电路，其主要作用是不失真地放大电信号的幅度或功率。本章所涉及的是由分立元器件组成的几种常用基本放大电路，将讨论它们的电路结构、工作原理、分析方法以及特点和应用。这些内容是整个电子电路的重要部分，也是进一步学习电子电路所必需的基础。

2.1 共射极放大电路

放大电路又称为放大器，从表面上看是增大输入信号的电压或电流幅值，其实质是实现能量的控制与转换。它在微弱的小能量输入信号作用下，通过有源元件（双极型晶体管或场效应晶体管）对直流电源的能量进行控制和转换，获得大能量的输出信号，以推动负载工作。电路中放大的对象是信号的变化量，常用的测试信号是正弦波。

双极型晶体管放大电路有 3 种形式，也称为 3 种组态，即共射极（或共发射极）放大电路、共集电极放大电路和共基极放大电路。

2.1.1 共射极放大电路的组成

共射极放大电路是以晶体管的发射极作为输入回路和输出回路的公共端构成的单级放大电路，如图 2-1 所示。输入端接交流电压信号源 u_i（通常用一个理想电压源 u_s 和内阻 R_s 串联的电压源等效表示）；输出端接负载电阻 R_L（可以是扬声器、继电器、电动机、测量仪表等，或者接下一级放大电路），输出电压用 u_o 表示。

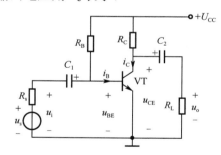

图 2-1 共射极放大电路

放大电路中各元器件的作用如下。

（1）晶体管 VT。放大电路的核心器件，利用其电流放大作用，即 $i_C = \beta i_B$，将微弱的电信号进行放大。

（2）直流电源 U_{CC}。放大电路的能源，为输出信号提供能量，并保证集电结处于反向偏置，使晶体管工作在放大状态下。U_{CC} 一般为几伏到几十伏。

（3）集电极电阻 R_C。晶体管的集电极负载电阻，可将集电极电流的变化转换为电压的变化，实现电压的放大作用。R_C 一般为几千欧到几十千欧。

（4）基极偏置电阻 R_B。保证发射结处于正向偏置，并提供大小适当的基极电流 I_B，使晶体管有合适的静态工作点。R_B 一般为几十千欧到几百千欧。

（5）耦合电容 C_1、C_2。它们起隔直流通交流信号的作用。电容对于直流分量是开路的，C_1 隔断放大电路与信号源的直流联系，C_2 隔断放大电路与负载的直流联系，使三者之间互不影响；对于交流分量，通常要求 C_1、C_2 的容抗值非常小，其交流压降可忽略不计，可视为短路。所以 C_1、C_2 一般为几微法到几十微法的极性电容器，连接时要注意其极性。

因为电路中既有直流电源又有交流信号源，所以电路中既有直流分量又有交流分量，电流和电压的名称较多，容易混乱，为此规定如下，以便区别。

直流分量用大写字母加大写下标表示，如 I_B、U_{BE} 等。

交流分量的瞬时值用小写字母加小写下标表示，如 i_b、u_{be} 等，其有效值用大写字母加小写下标表示，如 I_b、U_{be} 等。

总电流或总电压的瞬时值用小写字母加大写下标表示，如 i_B、u_{BE} 等，其中 $i_B = I_B + i_b$，$u_{BE} = U_{BE} + U_{be}$。

2.1.2 静态分析与计算

放大电路可分静态和动态两种情况进行分析。当放大电路没有输入信号，即 $u_i = 0$ 时的工作状态为静态；有输入信号 u_i 时的工作状态为动态。静态时，电路中的电压、电流都是直流分量，也称为静态值；动态时，交流信号叠加在直流分量的基础上工作，所以电压、电流是直流分量与交流分量的叠加量。由于电容等元件的存在，直流分量所流经的通路和交流分量所流经的通路不完全相同，为此常把直流电源对电路的作用和输入信号对电路的作用区分开来，分成直流通路和交流通路分别进行研究。

将电容视为开路可以得到直流通路，共射极放大电路的直流通路如图 2-2 所示。

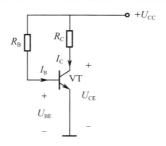

图 2-2　共射极放大电路的直流通路

由图 2-2 可得共射极放大电路直流通路的计算公式为

$$I_B = \frac{U_{CC} - U_{BE}}{R_B} \approx \frac{U_{CC}}{R_B} \tag{2-1}$$

$$I_C = \beta I_B \tag{2-2}$$

$$U_{CE} = U_{CC} - R_C I_C \tag{2-3}$$

式（2-1）中，U_{BE}（硅管约为 0.6V）远小于 U_{CC}，故可忽略不计。当 U_{CC}、R_B 固定后，I_B 即为固定值，因此图 2-1 所示电路又称为固定偏置式共射极放大电路。

晶体管的这组静态值（I_B、U_{BE}、I_C、U_{CE}）在晶体管的输入/输出特性曲线上对应着一个点，称为静态工作点，用 Q 表示，如图 2-3 所示。

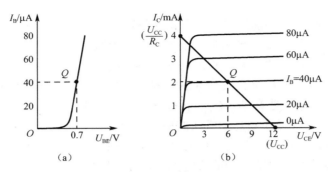

图 2-3　放大电路的静态工作点

在直流通路中主要研究放大电路的静态值，以及静态工作点与波形失真的关系。

2.1.3　放大电路的动态性能指标

放大电路的动态性能指标反映了放大电路的放大能力、带负载能力以及对信号源的大小和频率影响等，主要包括以下几项。

（1）电压放大倍数 A_u

它是衡量放大电路对输入信号放大能力的指标，其值越大，电路的放大能力越强。电压放大倍数定义为输出电压变化量与输入电压变化量之比，即

$$A_u = \frac{\Delta U_o}{\Delta U_i} \tag{2-4}$$

当输入信号为正弦交流信号（如无特殊说明，后面的输入信号均看作正弦交流信号）时，电压放大倍数还可表示为

$$A_u = \frac{\dot{U}_o}{\dot{U}_i} \tag{2-5}$$

A_u 的大小取决于放大电路的结构和组成电路的各个元器件的参数。

在工程上，A_u 常用以 10 为底的对数增益表示，其基本单位为 B（贝尔，Bel），常用它的十分之一单位 dB（分贝）。电压放大倍数用分贝作单位可表示为

$$|A_u|(\text{dB}) = 20\lg|A_u| \tag{2-6}$$

（2）输入电阻 r_i

放大电路对信号源来说是一个负载，可用一个电阻来等效代替，如图 2-4 所示。这个等效电阻称为放大电路的输入电阻 r_i，也就是从放大电路的输入端看进去的等效电阻。r_i 的计算公式为

$$r_i = \frac{\dot{U}_i}{\dot{I}_i} \tag{2-7}$$

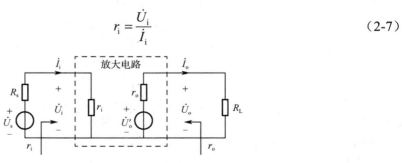

图 2-4　放大电路输入电阻和输出电阻

由图 2-4 可知，放大电路输入端从信号源所获得的信号电压为

$$\dot{U}_{i} = \frac{r_{i}}{r_{i} + R_{s}} \dot{U}_{s} \qquad (2\text{-}8)$$

当信号源 $\dot{U}_{s}$ 和内阻 R_{s} 一定时，输入电阻 r_{i} 越大，放大电路从信号源得到的输入电压 $\dot{U}_{i}$ 越大，放大电路的输出电压也将越大；同时从信号源获取的电流 $\dot{I}_{i}$ 越小，可减轻信号源的负担。所以输入电阻 r_{i} 可用来衡量放大电路向信号源索取信号大小的能力，其值越大，放大电路索取信号的能力越强。一般希望输入电阻远大于信号源内阻。

（3）输出电阻 r_{o}。

放大电路的输出信号要送给负载，因而对负载来说，放大电路相当于负载的信号源，可用一个等效电压源来代替，如图 2-4 所示。这个等效电压源的内阻称为放大电路的输出电阻，它等于负载开路时，从放大电路的输出端看进去的等效电阻，可用戴维南定理中求电源内阻的开路短路法来计算，公式为

$$r_{o} = \frac{\dot{U}_{OC}}{\dot{I}_{SC}} \qquad (2\text{-}9)$$

式中，$\dot{U}_{OC}$ 为输出端的开路电压，$\dot{I}_{SC}$ 为输出端的短路电流。

输出电阻 r_{o} 可用于衡量放大电路带负载的能力。其值越小，当负载变化时，输出电压的变化越小，带负载能力越强。

（4）通频带

它是表明放大电路频率特性的一个重要指标。通常放大电路的输入信号不是单一频率的正弦波，而是包括各种不同频率的正弦分量，输入信号所包含的正弦分量的频率范围称为输入信号的频带。由于放大电路中有电容存在，晶体管的 PN 结也存在结电容，而电容容抗随频率变化而变化，因此放大电路的输出电压也随频率的变化而变化，造成同一放大电路对不同频率输入信号的电压放大倍数不同。电压放大倍数的大小随频率的变化规律称为放大电路的幅频特性，如图 2-5 所示。

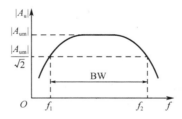

图 2-5　放大电路的幅频特性

从图 2-5 中可以看出，中频段的电压放大倍数最大，且几乎与频率无关，用 $|A_{um}|$ 表示；当频率很低或很高时，$|A_{um}|$ 都将下降。当电压放大倍数下降到 $|A_{um}|/\sqrt{2}$ 时，对应的频率 f_1 和 f_2 分别称为下限截止频率和上限截止频率，两者之间的频率范围称为通频带 BW。通常希望通频带宽一些，可让输入信号中更多的正弦分量放大倍数相同或变化较小，使得输出信号尽可能重现输入信号的波形。

2.1.4 动态分析与计算

动态分析就是分析放大电路对交流信号的放大能力及性能指标。动态分析一般采用微变等效电路法。

当交流信号比较小（微变量）时，晶体管各电压、电流在静态工作点附近的小范围内变化，这时可将晶体管看作一个线性器件，进而将放大电路等效为一个线性电路，用线性电路理论来分析计算晶体管放大电路，这就是微变等效电路法。

微变等效电路法的分析步骤一般是先画出放大电路的交流通路，然后画出放大电路的微变等效电路，再计算放大电路主要的性能指标。

1. 晶体管的微变等效电路

晶体管的输入特性曲线是非线性的，当输入信号很小时，在静态工作点 Q 附近的一段特性曲线可视为直线，如图 2-6 所示。当 U_{CE} 为常数时，ΔU_{BE} 与 ΔI_B 之比称为晶体管的输入电阻。

$$r_{be} = \frac{\Delta U_{BE}}{\Delta I_B} = \frac{u_{be}}{i_b} \tag{2-10}$$

所以，在小信号条件下，晶体管的基极到发射极之间相当于一个电阻 r_{be}，一般为几百至几千欧，低频小功率晶体管的输入电阻可用下式估算：

$$r_{be} \approx 200(\Omega) + (1+\beta)\frac{26(mV)}{I_E(mA)} \tag{2-11}$$

式中，I_E 为发射极静态电流值。

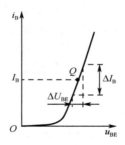

图 2-6 从晶体管的输入特性曲线求 r_{be}

由于晶体管工作于放大状态，集电极电流的交流分量与基极电流的交流分量成线性关系，即 $i_c = \beta i_b$，故集电极到发射极之间可等效为一个受 i_b 控制的恒流源。这样晶体管就可用图 2-7 所示的微变等效电路所代替。

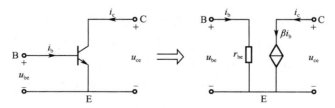

图 2-7 晶体管的微变等效电路

2. 放大电路的交流通路

交流通路是指放大电路中交流信号的流通路径，可通过将放大电路中的耦合电容和直流电压源短路得到。因为耦合电容的容量较大，容抗很小，所以对交流信号的电压降可忽略不计。共射极放大电路的交流通路如图 2-8（a）所示。

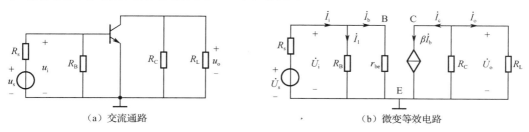

（a）交流通路   （b）微变等效电路

图 2-8 共射极放大电路的交流通路及其微变等效电路

3. 放大电路的微变等效电路及其计算

将图 2-8（a）中的晶体管用它的微变等效电路来替代，便可得放大电路的微变等效电路，如图 2-8（b）所示，其主要性能指标的计算公式如下。

放大电路的电压放大倍数：

$$A_\mathrm{u} = \frac{\dot{U}_\mathrm{o}}{\dot{U}_\mathrm{i}} = \frac{-\dot{I}_\mathrm{c}(R_\mathrm{C} /\!/ R_\mathrm{L})}{\dot{I}_\mathrm{b} r_\mathrm{be}} = \frac{-\beta \dot{I}_\mathrm{b} R_\mathrm{L}'}{\dot{I}_\mathrm{b} r_\mathrm{be}} = -\beta \frac{R_\mathrm{L}'}{r_\mathrm{be}} \tag{2-12}$$

式中，$R_\mathrm{L}' = R_\mathrm{C} /\!/ R_\mathrm{L}$，负号表示共射极放大电路的输出电压与输入电压的相位相反。

当放大电路输出端开路（未接负载电阻 R_L）时，可得空载时的电压放大倍数：

$$A_\mathrm{u0} = \frac{\dot{U}_\mathrm{o}}{\dot{U}_\mathrm{i}} = -\beta \frac{R_\mathrm{C}}{r_\mathrm{be}} \tag{2-13}$$

比较式（2-12）和式（2-13）可知，放大电路空载时的电压放大倍数比接负载电阻 R_L 时大。接负载电阻时，R_L 越大，电压放大倍数越大。因此，共射极放大电路为提高电压放大倍数，可将负载电阻 R_L 选得大一些。

放大电路的输入电阻为

$$r_\mathrm{i} = \frac{\dot{U}_\mathrm{i}}{\dot{I}_\mathrm{i}} = R_\mathrm{B} /\!/ r_\mathrm{be} \approx r_\mathrm{be} \tag{2-14}$$

实际上 R_B 的阻值比 r_be 大得多，因此这一类放大电路的输入电阻基本上等于晶体管的输入电阻，相对比较小。

放大电路的输出电阻为

$$r_\mathrm{o} = \frac{\dot{U}_\mathrm{OC}}{\dot{I}_\mathrm{SC}} = \frac{-\beta \dot{I}_\mathrm{b} R_\mathrm{C}}{-\beta \dot{I}_\mathrm{b}} = R_\mathrm{C} \tag{2-15}$$

R_C 一般为几千欧到几十千欧，因此输出电阻相对比较大。

例 2.1.1 已知图 2-1 所示电路中，$U_\mathrm{CC} = 12\mathrm{V}$，$R_\mathrm{B} = 300\mathrm{k\Omega}$，$R_\mathrm{C} = 3\mathrm{k\Omega}$，$R_\mathrm{L} = 3\mathrm{k\Omega}$，$\beta = 50$。试求：（1）放大电路的静态值；（2）电压放大倍数、输入电阻、输出电阻。

解：（1）$I_\mathrm{B} \approx \dfrac{U_\mathrm{CC}}{R_\mathrm{B}} = \dfrac{12}{300}\mathrm{mA} = 0.04\mathrm{mA} = 40\mathrm{\mu A}$

$$I_C = \beta I_B = 50 \times 0.04 \text{mA} = 2 \text{mA}$$
$$U_{CE} = U_{CC} - R_C I_C = (12 - 3 \times 2)\text{V} = 6\text{V}$$

（2）因 $I_E \approx I_C = 2 \text{mA}$，所以：

$$r_{be} \approx 200(\Omega) + (1+\beta)\frac{26(\text{mV})}{I_E(\text{mA})} = 200\Omega + (1+50)\frac{26}{2}\Omega = 0.863\text{k}\Omega$$

又因 $R_L' = R_C // R_L = 1.5\text{k}\Omega$，所以：

$$A_u = \frac{\dot{U}_o}{\dot{U}_i} = -\beta\frac{R_L'}{r_{be}} = -50 \times \frac{1.5}{0.863} = -86.9$$

$$r_i \approx r_{be} = 0.863\text{k}\Omega$$

$$r_o = R_C = 3\text{k}\Omega$$

2.1.5 图解法分析*

图解法是指利用晶体管的特性曲线和已知输入信号的波形进行作图，对放大电路的静态和动态进行分析的一种方法。

1．直流负载线与静态工作点

前面静态分析中的式（2-3）可变换为

$$I_C = -\frac{1}{R_C}U_{CE} + \frac{U_{CC}}{R_C}$$

在晶体管输出特性曲线坐标系中，上式对应一条斜率为 $-1/R_C$ 的直线，它在横轴上的截距为 U_{CC}，在纵轴上的截距为 U_{CC}/R_C。因它由直流通路得出，且与集电极负载电阻 R_C 有关，故称为直流负载线。

根据直流通路由式（2-1）可求出静态的基极电流 I_B，则由 I_B 确定的某条晶体管输出特性曲线与直流负载线的交点即为静态工作点 Q，该点的纵坐标、横坐标值分别为静态值 I_C、U_{CE}。例 2.1.1 中的直流负载线和静态工作点如图 2-3 所示。

2．交流负载线与动态工作范围

当放大电路加交流信号后，晶体管的各个电压和电流均为在静态值的基础上叠加一个交流量，即此时电路的工作点将在静态工作点 Q 附近变化。由图 2-8 所示的交流通路及其微变等效电路可知，交流电压 u_{ce} 与电流 i_c 有

$$u_o = u_{ce} = -i_c R_L'$$

这仍然是线性关系，其斜率为 $-1/R_L'$，对应的直线被称为交流负载线。因交流信号为零时，电路的工作点一定是静态工作点 Q，所以交流负载线一定也过静态工作点 Q，但比直流负载线陡，如图 2-9 所示。当负载开路时，交流负载线与直流负载线重合。

因输入电压 $u_i = u_{be}$，使 u_{BE} 在输入特性曲线的 $Q_1 \sim Q_2$ 变化，i_B 将随之变化，并可在输出特性曲线上对应得到 i_C、u_{CE} 的变化范围，从而依次画出它们的波形，如图 2-10 所示。直线段 $Q_1 Q_2$ 是工作点移动的轨迹，通常称为动态工作范围。此时因静态工作点适当，无信号的失真放大。

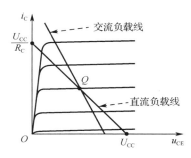

图 2-9　直流负载线与交流负载线

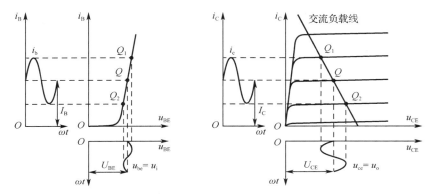

图 2-10　动态工作范围

由图 2-10 分析可知，交流信号的传输过程为 $u_i(u_{be}) \rightarrow u_{BE} \rightarrow i_B \rightarrow i_C \rightarrow R_C i_C \rightarrow u_o(u_{ce})$；输出正弦电压的幅值与输入正弦电压的幅值之比即为电压放大倍数；输出电压 u_o 与输入电压 u_i 的相位相反，即晶体管具有反相放大作用、集电极电位的变化与基极电位的变化极性相反。

3．非线性失真

对放大电路最基本的要求是其输出信号波形与输入信号波形相同。若输出波形与输入波形不完全一致则称为失真。引起失真的原因有多种，其中因晶体管的非线性特性而引起的失真称为非线性失真，其主要是由于静态工作点 Q 设置得不合适或信号过大，使得放大电路的工作范围超出了晶体管特性曲线的线性区而造成的。

图 2-11 给出了静态工作点 Q 设置得不合适而引起非线性失真的情况。当静态工作点 Q 太低时，如图 2-11（a）所示，输入信号 $u_i(u_{be})$ 的负半周将进入晶体管的截止区，使得 i_C 和 u_{CE} 的波形产生失真，从而使输出信号 u_o 产生失真。这种由于进入晶体管截止区而引起的失真称为截止失真。对于图 2-1 所示的共射极放大电路，可通过减小 R_B 阻值的办法来消除截止失真。

当静态工作点 Q 太高时，如图 2-11（b）所示，在输入信号 $u_i(u_{be})$ 的正半周，晶体管将进入饱和区，使得 i_C 和 u_{CE} 的波形产生失真，从而使输出信号 u_o 产生失真。这种由于进入晶体管饱和区而引起的失真称为饱和失真。对于图 2-1 所示的共射极放大电路，可通过增大 R_B 阻值的办法来消除饱和失真。

总之，要使放大电路不产生非线性失真，必须设置一个合适的静态工作点，一般选在交流负载线的中间。同时输入信号 u_i 的幅值不要过大，以免放大电路的工作范围超出特性曲线的线性范围，发生"双向"失真。

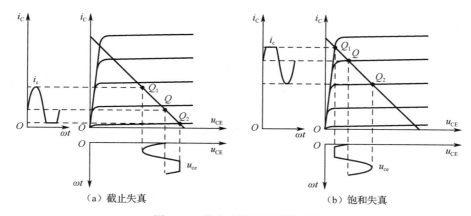

（a）截止失真　　　　　　　　（b）饱和失真

图 2-11　放大电路的非线性失真

图解法直观、形象，便于理解放大电路的工作原理；但作图过程较烦琐、误差大，不适合分析较复杂的电路。

练习与思考

2.1.1　放大电路的直流通路和交流通路分别指的是什么？如何得到？

2.1.2　放大电路为什么要设置静态工作点？偏置电流 I_B 能否为零，为什么？

2.1.3　晶体管用微变等效电路来代替，条件是什么？

2.1.4　为使电压放大倍数 A_u 高一些，负载电阻 R_L 是大一些好，还是小一些好，为什么？

2.1.5　什么是放大电路的输入电阻和输出电阻？它们的数值是大一些好，还是小一些好，为什么？

2.1.6　直流负载线和交流负载线之间有何关系？

2.1.7　在固定偏置式共射极放大电路中，若增大偏置电阻 R_B，可能会产生何种失真？减小 R_B 呢？

2.2　分压式偏置放大电路

由前面的分析可知，放大电路要正常工作，且不产生非线性失真，必须设置合适、稳定的静态工作点。在图 2-1 所示的放大电路中，当温度升高时，晶体管的发射结电压 U_{BE} 降低，β 和 I_{CEO} 均增大，这些变化都会使 I_C 增大，即放大电路的静态工作点上移；反之，则静态工作点下移。所以当温度变化时，固定偏置式共射极放大电路的静态工作点是不稳定的。

1. 直流通路及静态值的估算

图 2-12（a）所示的分压式偏置放大电路是一种常用的能稳定静态工作点的放大电路。其直流通路如图 2-12（b）所示。

在直流通路中，$I_1 = I_2 + I_B$，若使 $I_2 \gg I_B$，可忽略 I_B 的影响。为此，一般取 $I_2 = (5\sim10)I_B$。则有

$$I_1 \approx I_2 \approx \frac{U_{CC}}{R_{B1} + R_{B2}}$$

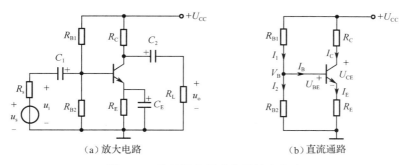

（a）放大电路　　　　　　（b）直流通路

图 2-12　共射极分压式偏置放大电路

故基极电位为

$$V_B = R_{B2}I_2 \approx \frac{R_{B2}}{R_{B1} + R_{B2}}U_{CC} \qquad (2\text{-}16)$$

若使 $V_B \gg U_{BE}$，一般取 $V_B = (5\sim10)U_{BE}$，则有

$$I_C \approx I_E = \frac{V_E}{R_E} = \frac{V_B - U_{BE}}{R_E} \approx \frac{V_B}{R_E} \qquad (2\text{-}17)$$

由式（2-16）和式（2-17）可知，若使 $I_2 \gg I_B$、$V_B \gg U_{BE}$，可以认为 V_B 和 I_C 的大小与晶体管的参数基本无关，不受温度变化的影响。

输出电压的计算公式为

$$U_{CE} = U_{CC} - (R_C + R_E)I_C \qquad (2\text{-}18)$$

2．稳定工作点的过程

电路中的发射极电阻 R_E 也被称为反馈电阻，可将输出电流的变化反馈至输入端。假设温度升高，则 I_C 增大，I_E 增大，使 V_E 升高（$V_E = R_E I_E$），因 V_B 固定，故 U_{BE} 减小，从而使 I_B 减小，以抑制 I_C 的增大，使静态工作点基本稳定。R_E 越大，稳定性能越好。但 R_E 不能太大，否则将使发射极电位 V_E 增高，从而减小输出电压的大小。R_E 在小电流情况下为几百欧到几千欧，在大电流情况下为几欧到几十欧。R_E 两端并联的电容 C_E，称为交流旁路电容，可使发射极电流的交流分量旁路，避免了电压放大倍数的下降，其值一般为几十微法到几百微法。

3．动态性能指标的计算

分压式偏置放大电路的微变等效电路如图 2-13 所示。明显地，它与固定偏置式共射极放大电路的微变等效电路非常相似，所以可用下面的公式计算动态性能指标：

$$A_u = -\beta \frac{R'_L}{r_{be}} \qquad (2\text{-}19)$$

式中，$R'_L = R_C // R_L$。

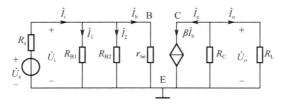

图 2-13　分压式偏置放大电路的微变等效电路

$$r_i = R_{B1} // R_{B2} // r_{be} \approx r_{be} \tag{2-20}$$

$$r_o = R_C \tag{2-21}$$

例 2.2.1 已知图 2-12（a）所示电路中，$U_{CC} = 24V$，$R_{B1} = 33k\Omega$，$R_{B2} = 10k\Omega$，$R_C = 3.3k\Omega$，$R_E = 3.3k\Omega$，$R_L = 5.1k\Omega$，$\beta = 40$。试求：（1）静态估算值；（2）电压放大倍数，输入电阻，输出电阻；（3）当 R_E 两端未并联旁路电容 C_E 时，画出其微变等效电路，计算电压放大倍数、输入电阻和输出电阻。

解：（1）
$$V_B \approx \frac{R_{B2}}{R_{B1} + R_{B2}} U_{CC} = \frac{10}{33 + 10} \times 24V = 5.6V$$

$$I_C \approx I_E = \frac{V_B - U_{BE}}{R_E} \approx \frac{V_B}{R_E} = \frac{5.6}{3.3}mA = 1.7mA$$

$$I_B = \frac{I_C}{\beta} = \frac{1.7}{40}mA = 42.5\mu A$$

$$U_{CE} = U_{CC} - (R_C + R_E)I_C = [24 - (3.3 + 3.3) \times 1.7]V = 12.8V$$

（2）
$$r_{be} \approx 200(\Omega) + (1 + \beta)\frac{26(mV)}{I_E(mA)} = 200\Omega + (1 + 40)\frac{26}{1.7}\Omega = 0.827k\Omega$$

又因 $R_L' = R_C // R_L = \dfrac{5.1 \times 3.3}{5.1 + 3.3}k\Omega = 2k\Omega$，故

$$A_u = \frac{\dot{U}_o}{\dot{U}_i} = -\beta\frac{R_L'}{r_{be}} = -40 \times \frac{2}{0.827} = -96.7$$

$$r_i = R_{B1} // R_{B2} // r_{be} \approx r_{be} = 0.827k\Omega$$

$$r_o = R_C = 3.3k\Omega$$

（3）当 R_E 两端未并联旁路电容 C_E 时，其交流通路及微变等效电路如图 2-14 所示。

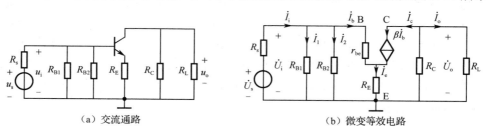

（a）交流通路   （b）微变等效电路

图 2-14 未接 C_E 时的交流通路及微变等效电路

$$A_u = \frac{\dot{U}_o}{\dot{U}_i} = \frac{-R_L'\dot{I}_c}{r_{be}\dot{I}_b + R_E\dot{I}_e} = \frac{-R_L'\beta\dot{I}_b}{r_{be}\dot{I}_b + R_E(1 + \beta)\dot{I}_b} = -\beta\frac{R_L'}{r_{be} + (1 + \beta)R_E}$$

$$= -40 \times \frac{2}{0.827 + (1 + 40) \times 3.3} = -0.59$$

$$r_i = \frac{\dot{U}_i}{\dot{I}_i} = \frac{\dot{U}_i}{\dot{I}_1 + \dot{I}_2 + \dot{I}_b} = \frac{\dot{U}_i}{\dfrac{\dot{U}_i}{R_{B1}} + \dfrac{\dot{U}_i}{R_{B2}} + \dfrac{\dot{U}_i}{r_{be} + (1 + \beta)R_E}} = R_{B1} // R_{B2} // [r_{be} + (1 + \beta)R_E]$$

$$= 33 // 10 // [0.827 + (1 + 40) \times 3.3]k\Omega = 7.3k\Omega$$

$$r_o = \frac{\dot{U}_{OC}}{\dot{I}_{SC}} = \frac{-\beta \dot{I}_b R_C}{-\beta \dot{I}_b} = R_C = 3.3 \text{k}\Omega$$

从计算结果可知，去掉旁路电容后，电压放大倍数降低了，输入电阻提高了。这些改变皆因放大电路中引入了串联电流负反馈（反馈的相关内容参见第 3.4 节），虽然放大倍数降低了，但改善了放大电路的工作性能，其中包括提高了放大电路的输入电阻。

练习与思考

2.2.1 温度对放大电路的静态工作点有何影响？

2.2.2 对分压式偏置放大电路而言，为什么只要满足 $I_2 \gg I_B$ 和 $V_B \gg U_{BE}$ 两个条件，静态工作点就能基本稳定？

2.2.3 在调整分压式偏置放大电路的静态工作点时，调节哪个元器件的参数比较方便？

2.2.4 分压式偏置放大电路中旁路电容 C_E 有何作用？

2.3 射极输出器

晶体管的 3 个极均可作为输入回路和输出回路的公共端，称为晶体管放大电路的 3 种组态。判断放大电路属于哪种组态，主要看在交流通路中哪个极是公共端。

图 2-15（a）所示电路为常用的共集电极放大电路。从其交流通路［见图 2-15（b）］可看出，它以集电极为公共端，从基极输入信号，从发射极输出信号到负载，因此又称为射极输出器。

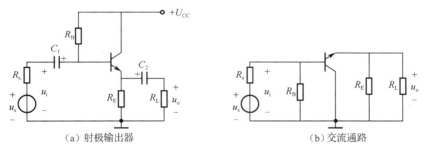

图 2-15 射极输出器及其交流通路

利用微变等效电路法，通过对电路的动态分析，可知射极输出器有以下特点。

（1）电压放大倍数接近 1，但恒小于 1，故无电压放大作用。因 $I_e = (1+\beta)I_b$，所以仍具有一定的电流放大和功率放大作用。

（2）输出电压与输入电压同相，故 $\dot{U}_o \approx \dot{U}_i$，电路具有跟随作用，因此又称为射极跟随器。

（3）输入电阻高，输出电阻低。

射极输出器应用十分广泛，因其具有高输入电阻和低输出电阻的特点。如常被用于多级放大电路的输入级。这样可使信号源内阻上的压降减小，大部分信号电压传送到放大电路的输入端。而在电子测量仪器的输入级采用之，可减小仪器从信号源吸取的电流，从而减小仪器接入时对被测电路产生的影响。

对于变动的负载或负载电阻较小时，用射极输出器作多级放大电路的输出级，可提高带负载的能力。

射极输出器还常被接在两级共发射极放大电路之间，利用其输入电阻大（即前级的负载电阻大），来提高前级的电压放大倍数；利用其输出电阻小（即后级的信号源内阻小），也可以提高后级的电压放大倍数。也就是说射极输出器起到了阻抗变换的作用，提高了多级放大电路总的电压放大倍数，改善了多级放大电路的工作性能。

练习与思考

2.3.1 如何看出射极输出器是共集电极电路？

2.3.2 为什么射极输出器又称为射极跟随器？

2.3.3 射极输出器有何特点？作何用途？

2.4 多级放大电路

由一个晶体管构成的单级放大电路，电压放大倍数一般只有几十至几百倍，往往不能满足实际的需求。所以实际放大电路多是把若干单级放大电路组合起来，构成多级放大电路，其框图如图 2-16 所示。图中每一个矩形框代表一个单级放大电路，称为一级；框与框之间带箭头的连线表示信号传递方向。前一级的输出总是后一级的输入，这样使信号逐级放大，就可以得到需要的输出信号。不仅是电压放大倍数，其他性能指标如输入电阻、输出电阻等，通过采用多级放大电路，也能达到所需要求。

图 2-16 多级放大电路框图

多级放大电路通常包括输入级、中间级和输出级三个部分。第 1 级即为输入级，对输入级的要求与输入信号有关；中间级的用途是进行信号放大，提供足够大的放大倍数，常由几级放大电路组成；最后一级是输出级，与负载相接，所以对输出级的要求要考虑负载的性质。

1. 耦合方式及特点

多级放大电路级与级之间的连接称为级间耦合，常用耦合方式有阻容耦合、直接耦合、变压器耦合和光电耦合等。对级间耦合电路的基本要求是：

（1）要保证各级都能在合适的静态工作点工作；

（2）尽量减小信号在传递过程中的损耗和失真。

阻容耦合应用于分立元件组成的多级放大电路中。它是利用耦合电容把两级连接起来，由于电容有隔直作用，各级的直流通路互不相通，静态工作点互相独立。当耦合电容足够大时，前一级的输出信号可以几乎不衰减地加到后一级的输入端。在集成电路中很难制造大容量电容，所以在集成电路中不采用阻容耦合。

直接耦合可用于放大缓慢变化的信号或直流信号的多级放大电路中。它是把前级的输出端直接接到后级的输入端，所以耦合电路简单，信号可无失真传递，常用于集成电路中。但它存在两个问题需解决：一是前后级静态工作点互相影响、互相牵制，要综合考虑设置各级静态工作点；二是存在零点漂移现象，即输入端短接（$u_i = 0$）时，输出端电压不保持恒定，而是缓慢地、无规则地变化。引起零点漂移的原因很多，如电源电压波动、元件老化、半导体元件参数随温度变化等，最主要的是温度对晶体管参数的影响所造成的静态工作点波动，故又称之为温度漂移。严重的零点漂移现象会淹没真正的输出信号，使电路无法正常工作，所以零点漂移的大小是衡量直接耦合放大器性能的一个重要指标。因前级静态工作点的微小波动都能像信号一样被后面逐级放大并且输出，所以整个放大电路的零点漂移大小主要由第一级电路的零点漂移决定。因此，为了提高放大器放大微弱信号的能力，在提高放大倍数的同时，必须减小输入级的零点漂移。

变压器耦合通过变压器作耦合元件，各级静态工作点互不影响，并可实现阻抗匹配，但变压器体积大、费用高，且电路低频特性差、损耗多，现已较少采用。

光电耦合是用发光器件将电信号转变为光信号，再通过光敏器件把光信号变为电信号来实现级间耦合，如在第 1.3 节中介绍过的光电耦合器件。

2．分析方法简介

多级放大电路的分析方法包括静态分析和动态分析。

静态分析是要分析求解各级电路的直流静态工作点。对于阻容耦合的多级放大电路，因各级直流互不影响，各级静态工作点可分别计算。对于直接耦合的多级放大电路，各级直流互相影响，一般要列方程计算。

动态分析是要求解整个多级放大电路的动态性能指标。动态分析步骤一般是先画出放大电路交流通路和微变等效电路，然后计算每一级的电压放大倍数、输入电阻、输出电阻，再计算总的电压放大倍数、输入电阻、输出电阻。

在计算某一级放大电路的性能指标时，要考虑前后级之间的关系。一般把后级看作前级的负载，把后级的输入电阻看作是前级的负载电阻。或者把前级看作后级的信号源，把前级的输出电阻看作是后级信号源的内阻。

多级放大电路中总的电压放大倍数、输入电阻、输出电阻的计算方法为：

（1）总的电压放大倍数等于各级电压放大倍数的乘积，即 $A_u = A_{u1}A_{u2}\cdots A_{un}$；

（2）总的输入电阻等于输入级（即第一级）的输入电阻，即 $r_i = r_{i1}$；

（3）总的输出电阻等于输出级（即最后一级）的输出电阻，即 $r_o = r_{on}$。

练习与思考

2.4.1　多级放大电路有哪几种耦合方式？各有什么特点？

2.4.2　何谓零点漂移？哪种耦合方式的多级放大电路存在零点漂移现象？

2.5　差分放大电路

在直接耦合放大电路中抑制零点漂移的措施很多，如选取温度特性比较稳定的硅管作为放大元件，利用热敏元件进行温度补偿，以抵消由于温度变化使晶体管参数变化带来的影响等，而最有效的抑制方式是改进电路的结构形式。差分放大电路就是能很好地抑制零点漂移的电路形式，通常用于多级直接耦合放大电路的输入级。

1．基本差分放大电路的组成

基本差分放大电路如图 2-17 所示。这是一个对称的电路结构，由两个共射极放大电路组成。在理想情况下，两个晶体管的特性及对应电阻元件的参数值都相同，因此两个晶体管感受完全相同的温度，两个晶体管的静态工作点也相同。输入电压 u_{i1} 和 u_{i2} 从两个晶体管的基极输入，输出电压 u_o 从两个晶体管的集电极之间输出。

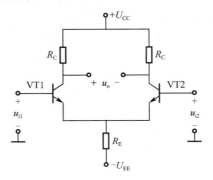

图 2-17　基本差分放大电路

2．零点漂移的抑制

静态时，$u_{i1} = u_{i2} = 0$，由于电路的对称性，两个晶体管各极电流及电位分别对应相等，即

$$I_{C1} = I_{C2}, \quad V_{C1} = V_{C2}$$

故输出电压为零，即

$$u_o = V_{C1} - V_{C2} = 0$$

当温度变化时，两管参数发生变化，引起两管的各极电流和电位均发生变化。但由于电路的对称性，其变化量一定大小相等、方向相同，即

$$\Delta I_{C1} = \Delta I_{C2}, \quad \Delta V_{C1} = \Delta V_{C2}$$

故输出电压为零，即

$$u_o = (V_{C1} + \Delta V_{C1}) - (V_{C2} + \Delta V_{C2}) = 0$$

可见，温度变化（或是其他原因）引起的对两管所产生的同向零点漂移被抑制了。

利用发射极电阻 R_E 还可限制每个管子的漂移范围，进一步减小零点漂移，稳定电路的静态工作点。例如当温度升高使 I_{C1} 和 I_{C2} 均增加，则发射极电流 I_E 增加，R_E 两端的电压 U_{RE} 升高，使得两管发射结电压 U_{BE1} 和 U_{BE2} 均降低，基极电流 I_{B1} 和 I_{B2} 均减小，从而抑制了 I_{C1} 和 I_{C2} 的增加。R_E 越大，抑制作用越显著。但在电源电压 $+U_{CC}$ 一定时，过大的 R_E 会使集电极电流过小，要影响静态工作点和电压放大倍数。为此，接入负电源 $-U_{EE}$ 来抵偿 R_E 两端的直流电压降，从而获得合适的静态工作点。

3．信号的输入方式

差分放大电路中信号的输入方式有以下 3 种。

（1）共模输入

两个输入信号大小相等、极性相同的输入形式，即 $u_{i1} = u_{i2}$，称为共模输入。此时两管的各极电流和电位的变化相同，所以输出电压为零，即电路对共模信号无放大作用，而有很强的抑制作用，共模放大倍数 $A_{uc} = 0$。

（2）差模输入

两个输入信号大小相等、极性相反的输入形式，即 $u_{i1} = -u_{i2}$，称为差模输入。此时两管的各极电流和电位的变化大小相等但反相，所以输出电压 $u_o = \Delta V_{C1} - \Delta V_{C2} = 2\Delta V_{C1} \neq 0$，即电路对差模信号有放大作用，差模放大倍数 $A_{ud} \neq 0$。

（3）比较输入

两个输入信号大小、极性任意的输入形式，称为比较输入。可将比较信号分解为共模信号 u_{ic} 和差模信号 u_{id} 的叠加来进行分析，其中 $u_{ic} = \dfrac{u_{i1} + u_{i2}}{2}$，$u_{id} = \dfrac{u_{i1} - u_{i2}}{2}$，则 $u_{i1} = u_{ic} + u_{id}$，$u_{i2} = u_{ic} - u_{id}$。根据以上分析，电路对共模分量无放大作用，对差模分量有放大作用。

4．共模抑制比

对于差分放大电路来说，差模信号是有用信号，对差模信号应有较大的放大倍数；对于共模信号则是共模放大倍数越小越好。共模放大倍数越小，说明电路对零点漂移的抑制能力越强。通常将差模电压放大倍数 A_{ud} 与共模电压放大倍数 A_{uc} 之比定义为共模抑制比，用 K_{CMRR} 表示，即

$$K_{CMRR} \approx \frac{A_{ud}}{A_{uc}} \tag{2-22}$$

共模抑制比越大，差分放大电路分辨有用的差模信号的能力越强，而受共模信号的影响越小，理想情况下 $K_{CMRR} \to \infty$。

练习与思考

2.5.1　差分放大电路的电路结构有何特点？为什么能抑制零点漂移？

2.5.2　何谓共模输入信号？何谓差模输入信号？差分放大电路如何区别对待这两种信号？

2.6　功率放大电路*

多级放大电路的最终目的是要有一定的功率放大能力，以推动负载的工作，如扬声器发声、电动机旋转、继电器动作、仪表指针偏转等，所以多级放大电路的输出级一般为功率放大电路，其作用是将中间级的输出信号进行功率放大。

2.6.1　对功率放大电路的基本要求

电压放大电路和功率放大电路都是利用晶体管的放大作用将信号放大，但两者也有显著的区别。前者工作在小信号状态，目的是输出足够大的电压信号；后者工作在大信号状态，目的是输出足够大的功率。

一般来说，对于功率放大电路有以下要求。

（1）在不失真的情况下输出尽可能大的功率。为了获得较大的输出功率，功率放大电路中的晶体管往往工作在极限状态，信号的动态范围大，很容易产生非线性失真，要求非线性失真一定在允许范围内。

（2）具有较高的效率。所谓效率，就是负载得到的交流信号有功功率与电源供给的直流功率之比。在同等输出功率下，效率越高，直流电源需要供给的能量越少。

放大电路按照静态工作点设置的不同常分为甲类、乙类、甲乙类三种工作状态，如图 2-18 所示。在图 2-18（a）中，静态工作点 Q 大致在交流负载线的中点，称为甲类工作状态。因静态电流 I_C 大，此时在晶体管上消耗的功率大，所以电路的效率低。为了提高效率，可将静

态工作点 Q 沿交流负载线下移，如图 2-18（b）所示，称为甲乙类工作状态。若将静态工作点 Q 下移到 $I_C \approx 0$ 处，则管耗更小，效率更高，称为乙类工作状态，如图 2-18（c）所示。

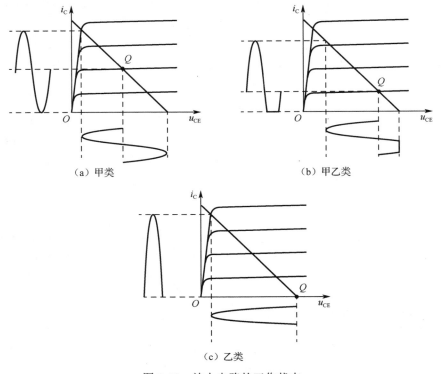

图 2-18　放大电路的工作状态

明显地，放大电路在甲乙类和乙类状态下工作时，产生了严重的失真。因此，为了提高效率，同时减小信号波形的失真，常采用工作于甲乙类或乙类状态的互补对称功率放大电路。

2.6.2　互补对称功率放大电路

1. 无输出电容（OCL）的互补功率放大电路

乙类放大 OCL 电路如图 2-19 所示。电路由正、负等值的双电源供电，晶体管 VT1 为 NPN 型，VT2 为 PNP 型，两管的其他特性和参数一致，均构成射极输出器电路。输入信号从两管的基极输入，负载电阻接于两管的发射极。

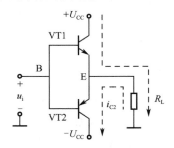

图 2-19　乙类放大 OCL 电路

静态（$u_i = 0$）时，$V_B = 0$，$V_E = 0$，偏置电压为零，VT1、VT2 均截止，$I_C = 0$，电路工作在乙类状态，负载中没有电流，输出电压为零。

动态（$u_i \neq 0$）时，设输入为正弦信号。当 $u_i > 0$ 时，VT1 导通、VT2 截止，电流 i_{C1} 通过负载 R_L，可得到正半周的输出电压 u_o；当 $u_i < 0$ 时，VT2 导通、VT1 截止，电流 i_{C2} 通过负载 R_L，可得到负半周的输出电压 u_o。

由此可见，在输入信号的整个周期内，VT1、VT2 轮流导通，互相补充，从而输出完整的信号波形，所以称为互补对称电路。由于电路采用了射极输出器的形式，因此具有电流和功率放大作用，并且提高了输入电阻和带负载的能力。

理想情况下，乙类互补对称电路的输出没有失真。但由于没有直流偏置电流，实际上只有当输入信号 u_i 的数值大于晶体管的死区电压（NPN 型硅管约为 0.5V，PNP 型锗管约为 0.2V）时晶体管才能导通。而输入信号 u_i 的数值小于死区电压时，VT1、VT2 均截止，负载电阻上输出电压为零，也出现一段死区，使输出电压波形在正、负半周交接处出现失真，如图 2-20 所示。这种现象称为交越失真。为了克服此失真，可采用甲乙类放大 OCL 电路，如图 2-21 所示。

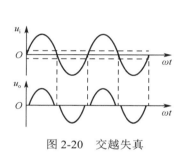

图 2-20　交越失真

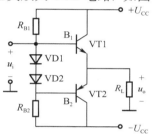

图 2-21　甲乙类放大 OCL 电路

电路中的二极管 VD1、VD2 组成偏置电路，其导通压降可使晶体管静态时略微导通，从而在输入信号的过零处晶体管可以导通，克服了交越失真。由于 I_C 很小，所以电路工作在甲乙类状态。

2．无输出变压器（OTL）的互补功率放大电路

甲乙类放大 OTL 电路如图 2-22 所示。与 OCL 电路不同之处是它采用单电源供电，通过耦合电容 C 与负载电阻 R_L 相连。

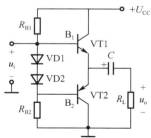

图 2-22　甲乙类放大 OTL 电路

静态时，因两管对称，所以两管发射极电位即电容两端电压为 $1/2U_{CC}$。

动态时，在 u_i 的正半周，VT1 导通、VT2 截止，电源向电容 C 充电，并在负载 R_L 两端得到正半周波形；在 u_i 的负半周，VT2 导通、VT1 截止，电容 C 放电，作为 VT2 的直流电

源，并在负载 R_L 两端得到负半周波形。只要电容 C 的容量足够大，其两端电压可认为近似 $1/2U_{CC}$ 不变，因此，VT1、VT2 的集-射极之间所加的电源电压都是 $1/2U_{CC}$。

2.6.3　集成功率放大电路

集成功率放大电路种类和型号很多，使用时只需在电路外部接入规定数值的直流电源、电阻、电容及负载，即可正常工作。图 2-23 所示是由 LM386 组成的一种应用电路。其中 R_2、C_4 是电源去耦电路，可滤掉电源中的高频交流分量；R_3、C_3 是相位补偿电路，能消除自激振荡，并改善高频时的负载特性；C_2 也是用于防止自激振荡。

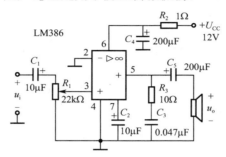

图 2-23　集成功率放大电路的应用

练习与思考

2.6.1　功率放大电路与电压放大电路相比有何特点，如何分类？
2.6.2　乙类功率放大电路为什么会产生交越失真，如何消除？
2.6.3　在 OTL 电路中，为什么电容 C 的电容量要足够大？

2.7　场效应管放大电路*

场效应晶体管与双极型晶体管在功能和应用上基本相同，都具有放大作用和开关作用。如将场效应管的栅极、漏极和源极与晶体管的基极、集电极和发射极对应，则两者的放大电路很相似。但与晶体管相比，场效应管的输入电阻（$10^9 \sim 10^{14}\Omega$）很高，故常被用作多级放大电路的输入级。此外，场效应管的噪声低，可以在微小电流下工作，因此还用作低噪声、低功耗的微弱信号放大电路。

图 2-24 所示为 N 沟道耗尽型绝缘栅场效应管共源极分压式偏置放大电路。R_{G1}、R_{G2} 为分压电阻；R_S 为源极电阻，其阻值约为几千欧，电路的静态工作点受其控制；C_S 为交流旁路电容，其容量约为几十微法；R_D 为漏极电阻，其阻值约为几千欧，它使电路具有电压放大作用；R_G 为栅极电阻，其值远小于场效应管的输入电阻，它与静态工作点无关，却可以提高放大电路的输入电阻；C_1、C_2 为耦合电容，其容量为 $0.01 \sim 0.047\mu F$。

1. 静态分析

为了保证场效应管正常工作，需要设置合适的静态工作点。因它以栅-源电压 U_{GS} 作为控制量，所以其静态工作点主要依靠给栅极提供适当的偏置电压来得到。

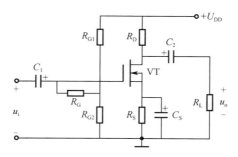

图 2-24 场效应管共源极放大电路

因 $I_G \approx 0$，R_G 两端压降为零，则栅-源电压为：

$$U_{GS} = \frac{R_{G2}}{R_{G1} + R_{G2}} U_{DD} - R_S I_D = V_G - R_S I_D \qquad (2\text{-}23)$$

式中，V_G 为栅极电位。对于 N 沟道耗尽型场效应管，U_{GS} 应为负值，所以要 $R_S I_D > V_G$。

在 $U_{GS(off)} \leqslant U_{GS} \leqslant 0$ 范围内

$$I_D = I_{DSS} \left(1 - \frac{U_{GS}}{U_{GS(off)}} \right)^2 \qquad (2\text{-}24)$$

联立求解式（2-23）和式（2-24），即可得 I_D、U_{GS}。漏极与源极之间的电压为

$$U_{DS} = U_{DD} - I_D (R_D + R_S) \qquad (2\text{-}25)$$

2. 动态分析

小信号场效应管放大电路的动态分析也可用微变等效电路法分析。图 2-24 所示场效应管共源极放大电路的交流通路及微变等效电路如图 2-25 所示。

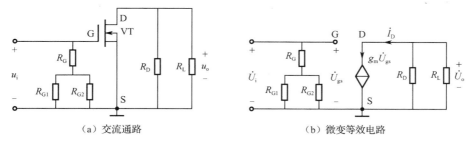

（a）交流通路   （b）微变等效电路

图 2-25 场效应管共源极放大电路的交流通路及微变等效电路

设输入信号为正弦量，则电压放大倍数为：

$$A_u = \frac{\dot{U}_o}{\dot{U}_i} = \frac{-\dot{I}_d R'_L}{\dot{U}_{GS}} = \frac{-g_m \dot{U}_{gs} R'_L}{\dot{U}_{GS}} = -g_m R'_L \qquad (2\text{-}26)$$

式中，负号表示输出电压和输入电压反相；g_m 是场效应管的跨导，在静态工作点附近当交流信号较小时，其值近似为常数；$R'_L = R_D // R_L$。

输入电阻为

$$r_i = \frac{\dot{U}_i}{\dot{I}_i} = R_G + (R_{G1} // R_{G2}) \qquad (2\text{-}27)$$

可见，R_G 的接入可以提高放大电路的输入电阻，但对静态工作点和电压放大倍数并无影响。

因场效应管的输出特性具有恒流特性，所以它的输出电阻很高，其数值为

$$r_o \approx R_D \qquad\qquad (2\text{-}28)$$

例 2.7.1 已知图 2-24 所示电路中，$U_{DD} = 20\text{V}$，$R_{G1} = 150\text{k}\Omega$，$R_{G2} = 50\text{k}\Omega$，$R_G = 1\text{M}\Omega$，$R_S = 10\text{k}\Omega$，$R_D = 10\text{k}\Omega$，$R_L = 10\text{k}\Omega$，场效应管的参数为 $I_{DSS} = 1\text{mA}$，$U_{GS(off)} = -5\text{V}$，$g_m = 0.312\text{mA/V}$。试求：（1）静态值；（2）电压放大倍数、输入电阻、输出电阻。

解：（1）由电路图可知：

$$U_{GS} = \frac{R_{G2}}{R_{G1} + R_{G2}} U_{DD} - R_S I_D = \frac{50}{150+50} \times 20 - 10 I_D = 5 - 10 I_D$$

在 $U_{GS(off)} \leqslant U_{GS} \leqslant 0$ 范围内，耗尽型场效应管的转移特性可近似用下式表示：

$$I_D = I_{DSS}\left(1 - \frac{U_{GS}}{U_{GS(off)}}\right)^2$$

联立以上两式，可得方程组

$$\begin{cases} U_{GS} = 5 - 10 I_D \\ I_D = 1 \times \left(1 + \dfrac{U_{GS}}{5}\right)^2 \end{cases}$$

求解得

$$U_{GS} = -1.1\text{V}, \quad I_D = 0.61\text{mA}$$

需要说明的是，解方程组时应将结果中 $U_{GS} < U_{GS(off)}$ 的值舍去，因为此时管子已截止。漏极与源极之间的电压为

$$U_{DS} = U_{DD} - I_D(R_D + R_S) = [20 - 0.61 \times (10+10)]\text{V} = 7.8\text{V}$$

（2）$A_u = -g_m R_L' = -g_m(R_D /\!/ R_L) = -0.312 \times \dfrac{10 \times 10}{10+10} = -1.56$

$$r_i = R_G + (R_{G1} /\!/ R_{G2}) = \left(1000 + \frac{150 \times 50}{150 + 50}\right)\text{k}\Omega = 1037.5\text{k}\Omega \approx R_G$$

$$r_o \approx R_D = 10\text{k}\Omega$$

3. 源极输出器

图 2-26 所示为场效应管共漏极放大电路，也称源极输出器或源极跟随器。

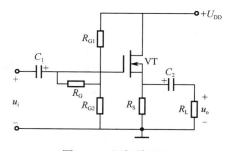

图 2-26　源极输出器

通过动态分析可知，源极输出器的电压放大倍数小于 1，但接近 1；输出电压与输入电压

同相；输入电阻高；输出电阻低。所以可用作多级放大电路的输入级、输出级和中间阻抗变换级。

练习与思考

2.7.1 比较共源极场效应管放大电路和共发射极双极型晶体管放大电路，在电路结构上有何相似之处？

2.7.2 为什么共源极场效应管放大电路的输入电阻高？

2.8 Multisim 14 仿真实验 共射极分压式放大电路

1. 实验内容

共射极分压式放大电路简称为分压式放大电路，如图 2-27 所示。主要的实验内容有：

（1）直流静态工作点的调整与测量；

（2）空载和负载情况下，输出电压的测量，电压放大倍数的计算；

（3）观察直流静态工作点与波形失真的关系。

该实验使用的电子仪器较多，有信号发生器、示波器、晶体管毫伏表等。通过实验，熟悉上述电子仪器的使用，验证所学电路的理论知识，观察直流静态工作点与波形失真的关系。

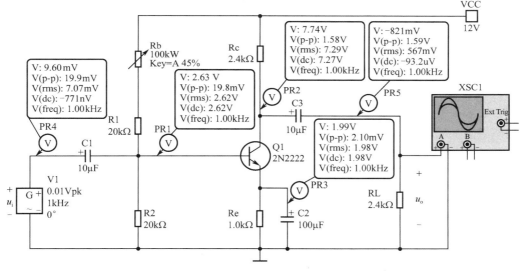

图 2-27 分压式放大电路

2. 实验步骤

（1）构建电路

选取并放置可变电阻 Rb 作为偏置电阻（类型为 VARIABLE_RESISTOR，阻值为 100kΩ）。可变电阻实际阻值的大小可以通过符号"××%"下面的进度条进行调整，也可通过按键 A 进行调整。

选取并放置电阻 R1、R2、Rc、Re、RL，并按照图 2-27 设置其阻值。

选取并放置电解电容 C1、C2、C3，并设置其电容量分别为 10μF、100μF、10μF。

选取并放置晶体管 Q1（型号为 Transistors /BJT_NPN/2N2222）。

选取并放置交流信号源 V1（类型为 SIGNAL_VOLTAGE_SOURCES，AC_VOLTAGE），设置其电压峰值 Vpk 为 0.01V（对应的电压有效值 V(rms) 为 7.07mV），频率为 1kHz。

选取并放置直流电源 VCC，设置其值为 12V。选取并放置接地符号 GROUND。

在晶体管的基极、集电极和发射极分别放置 3 个电压探针 PR1、PR2、PR3，用于测量晶体管的基极直流电压 U_B、集电极直流电压 U_C、发射极直流电压 U_E。

放置电压探针 PR4、PR5，用于测量输入电压 u_i 的有效值 U_i、输出电压 u_o 的有效值 U_o。

通过菜单 Place/Text，在电路中放置文字标记 u_i、u_o。

放置并设置示波器，用于观测 u_o 的波形。

（2）直流静态工作点的调整

断开交流信号源 V1，调整电阻 Rb 的数值，使晶体管发射极电压 $U_E \approx 2V$。然后读取 U_B、U_C 的值，填入表 2-1 中。

（3）空载时输出电压 u_o 的测量

保持电阻 Rb 的数值不变，断开负载电阻 RL，加入交流信号源 V1。然后读取 U_B、U_C、U_E、U_i、U_o 的值，并观测 u_o 的波形，计算电压放大倍数 A_u，填入表 2-1 中。

（4）负载时输出电压 u_o 的测量

保持电阻 Rb 的数值不变，接入负载电阻 RL，加入交流信号源 V1。然后读取 U_B、U_C、U_E、U_i、U_o 的值，并观测 u_o 的波形，计算电压放大倍数 A_u，填入表 2-1 中。

（5）饱和失真时输出电压 u_o 的测量

调整电阻 Rb 的数值为 10%，调整交流信号源 V1 的电压峰值 Vpk 为 0.05V（对应的电压有效值 V(rms) 为 35.4mV），接入负载电阻 RL。这时，电路出现饱和失真，读取 U_B、U_C、U_E、U_i、U_o 的值，并观测 u_o 的波形，填入表 2-1 中。

（5）截止失真时输出电压 u_o 的测量

调整电阻 Rb 的数值为 95%，保持交流信号源 V1 的电压峰值 Vpk 为 0.05V，接入负载电阻 RL。这时，电路出现截止失真，读取 U_B、U_C、U_E、U_i、U_o 的值，并观测 u_o 的波形，填入表 2-1 中。

表 2-1　分压式放大电路实验结果

实验内容	U_i (mV)	U_B (V)	U_C (V)	U_E (V)	U_O (mV)	A_u	u_O 的波形
直流静态工作点的调整		2.63	7.26	1.99			
空载电压放大倍数的测量	7.07	2.62	7.27	1.98	971	137.3	
负载电压放大倍数的测量	7.07	2.62	7.27	1.98	567	80.2	
饱和失真波形的观测 10%	35.4	3.26	6.02	2.62	2410		

实验内容	U_i (mV)	U_B (V)	U_C (V)	U_E (V)	U_O (mV)	A_u	u_O 的波形
截止失真波形的观测 95%	35.4	1.73	9.31	1.13	1390	／	

练习与思考

图 2-27 所示的实验电路中，在观测饱和失真或截止失真时，当 Rb 调整到一定数值时，会出现既有饱和失真也有截止失真的情况，试观测波形并分析其产生的原因。

本 章 小 结

1．在放大电路中，共射极放大电路是一种常用的基本电路，既有电流放大作用又有电压放大作用，适用于一般放大，其分析计算是其他放大电路的基础；共集电极放大电路（射极输出器）只有电流放大作用，而无电压放大作用，常作为多级放大电路的输入级、输出级。

2．在放大电路中既有直流又有交流，因此工作状态分为静态和动态。静态分析时可利用直流通路估算晶体管的各电极间的电流和电压，从而确定静态工作点；也可用图解法求解。动态分析时通常利用微变等效电路计算小信号作用时的电压放大倍数、输入电阻、输出电阻等参数；利用图解法可分析输出波形和失真情况。

3．多级放大电路有直接耦合、阻容耦合等耦合方式，其放大倍数等于各级电压放大倍数的乘积。

4．功率放大电路的主要目的是获得最大不失真的输出功率和具有较高的工作效率。为了满足功率放大器的要求，常采用甲乙类或乙类放大电路，在实践中常用的功率放大电路是互补对称电路。

5．场效应管放大电路和晶体管放大电路有相似之处，它们的电路结构基本相同，但场效应管的静态工作点是借助于栅极偏置电压来设置的，常用的电路有共源极放大电路和共漏极放大电路（源极输出器）。

习 题

2-1 在图 2-2 中，若将 R_B 减小，则集电极电流 I_C（   ），集电极电位 V_C（   ）。

A．增大 　　　　　　 B．减小 　　　　　　 C．不变

2-2 图 2-2 中的晶体管原处于放大状态，若将 R_B 调到零，则晶体管（   ）。

A．处于饱和状态 　　 B．仍处于放大状态 　 C．被烧毁

2-3 图 2-1 中各个交流分量的相位关系是：u_o 与 u_i（   ）；u_o 与 i_c（   ）；i_b 与 i_c（   ）。

A．同相 　　　　　　 B．反相 　　　　　　 C．相位任意

2-4 在图 2-1 所示放大电路中，若将 R_B 阻值调小，而晶体管仍处于放大状态，则电压放大倍数 $|A_u|$（   ）。

A．减小 　　　　　　 B．增大 　　　　　　 C．基本不变

2-5 在图 2-1 所示放大电路中，若将 R_B 阻值调小，而晶体管仍处于放大状态，则电路

的输入电阻 r_i（　　）。

    A．减小　　　　　　　　B．增大　　　　　　　　C．基本不变

    2-6　在图 2-1 所示放大电路中，若将 R_B 阻值调小，而晶体管仍处于放大状态，则电路的输出电阻 r_o（　　）。

    A．减小　　　　　　　　B．增大　　　　　　　　C．基本不变

    2-7　在图 2-1 所示放大电路中，若晶体管的 β 由 50 变成 100，而晶体管仍处于放大状态，则电压放大倍数 $|A_u|$（　　）。

    A．约为原来的 1/2　　　B．约为原来的 2 倍　　C．基本不变

    2-8　在图 2-1 所示放大电路中，若晶体管的 β 由 50 变成 100，而晶体管仍处于放大状态，则电路的输入电阻 r_i（　　）。

    A．减小很多　　　　　　B．约为原来的 2 倍　　C．基本不变

    2-9　在图 2-1 所示放大电路中，若晶体管的 β 由 50 变成 100，而晶体管仍处于放大状态，则电路的输出电阻 r_o（　　）。

    A．约为原来的 1/2　　　B．约为原来的 2 倍　　C．基本不变

    2-10　在图 2-1 所示放大电路中，若输入、输出电压波形如图 2-28（a）所示，则该电路产生了（　　）失真，为了减小这种失真，可以（　　）；若输入、输出电压波形如图 2-28（b）所示，则该电路产生了（　　）失真，为了减小这种失真，可以（　　）。

    A．饱和　　　　　　　B．截止　　　　　　　C．增大 R_B　　　　D．减小 R_B

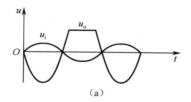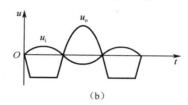

图 2-28　习题 2-10 的图

    2-11　在图 2-12（a）所示放大电路中，若将交流旁路电容 C_E 除去，则电压放大倍数 $|A_u|$（　　），电路的输入电阻 r_i（　　），电路的输出电阻 r_o（　　）。

    A．减小　　　　　　　　B．增大　　　　　　　　C．不变

    2-12　要求一个放大电路输入电阻很大，输出电阻很小，对电压放大倍数要求不高，用晶体管电路实现，则可以选择（　　）。

    A．共集电极放大电路

    B．共发射极放大电路

    C．共基极放大电路

    2-13　射极输出器（　　）。

    A．有电流放大作用，无电压放大作用

    B．有电流放大作用，也有电压放大作用

    C．无电流放大作用，也无电压放大作用

    2-14　共模抑制比是为了全面衡量差分放大电路放大差模信号和抑制共模信号的能力，当共模抑制比越高时，下面说法正确的是（　　）。

    A．差分放大电路分辨差模信号能力越强，受共模信号影响越小

B．差分放大电路分辨差模信号能力越弱，受共模信号影响越小

C．差分放大电路分辨差模信号能力越强，受共模信号影响越大

D．差分放大电路分辨差模信号能力越弱，受共模信号影响越大

2-15 在甲类工作状态的功率放大电路中，在不失真的条件下增大输入信号，则电源供给的功率（　　），晶体管的管耗（　　）。

A．减小　　　　　　　　B．增大　　　　　　　　C．不变

2-16 场效应管的控制方式为（　　）。

A．输入电流控制输出电压

B．输入电压控制输出电压

C．输入电压控制输出电流

2-17 晶体管放大电路如图 2-29(a)所示，已知 $U_{CC} = 12V$，$R_B = 240k\Omega$，$R_C = 3k\Omega$，$\beta = 40$。试求：（1）试用直流通路的计算公式估算放大电路的静态值；（2）若晶体管的输出特性如图 2-29（b）所示，试用图解法画出放大电路的静态工作点；（3）在静态时 C_1、C_2 上的电压各为多少、并标出极性。

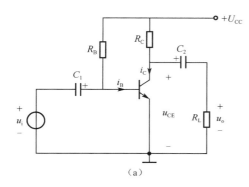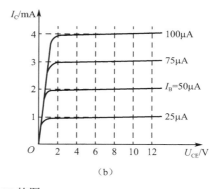

图 2-29　习题 2-17 的图

2-18 对于图 2-29（a）所示的电路，画出其微变等效电路，并计算：（1）输出端开路时的电压放大倍数；（2）$R_L = 6k\Omega$ 时的电压放大倍数；（3）电路的输入电阻；（4）电路的输出电阻；（5）若输入信号为 $u_i = 10\sqrt{2}\sin 3140t \,(mV)$ 时，输出正常信号，则 $R_L = 6k\Omega$ 时输出电压 U_o 多大？

2-19 在图 2-30 所示放大电路中，已知 $U_{CC} = 12V$，$R_B = 100k\Omega$，$R_C = 2k\Omega$，$R_P = 1M\Omega$，$\beta = 40$，$U_{BE} = 0.6V$。（1）当将 R_P 调到零时，试求静态值（I_B、I_C、U_{CE}），此时晶体管工作在何种状态？（2）当将 R_P 调到最大时，试求静态值（I_B、I_C、U_{CE}），此时晶体管工作在何种状态？（3）若使 $U_{CE} = 6V$，应将 R_P 调到何值？此时晶体管工作在何种状态？（4）设 $u_i = U_m \sin \omega t$，试画出上述三种状态下对应的输出电压 u_o 的波形。如产生饱和失真或截止失真，应如何调节 R_P 来消除失真？

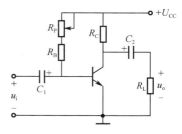

图 2-30　习题 2-19 的图

2-20 试判断图 2-31 中各个电路能否放大交流信号？为什么？

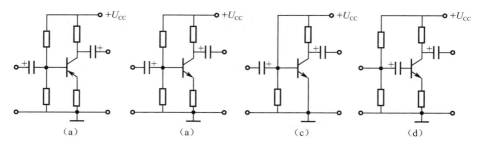

图 2-31 习题 2-20 的图

2-21 在图 2-12（a）的分压式偏置放大电路中，已知 $U_{CC} = 12V$，$R_{B1} = 60k\Omega$，$R_{B2} = 20k\Omega$，$R_C = 4k\Omega$，$R_E = 2k\Omega$，$R_L = 4k\Omega$，$\beta = 50$。试求：（1）静态估算值；（2）画出微变等效电路，计算电压放大倍数 A_u、输入电阻 r_i、输出电阻 r_o。

2-22 在习题 2-21 中，设 $R_S = 1k\Omega$，试计算输出端接有负载 R_L 时，输出信号对信号源电压的电压放大倍数 $A_{uS} = \dot{U}_o / \dot{U}_S$，并说明信号源内阻 R_S 对电压放大倍数的影响。

2-23 在习题 2-21 中，将图 2-12（a）中的发射极交流旁路电容 C_E 除去。（1）试问静态值有无变化？（2）画出微变等效电路；（3）计算电压放大倍数 A_u，并说明发射极电阻 R_E 对电压放大倍数的影响；（4）计算放大电路的输入电阻和输出电阻。

2-24 某放大电路如图 2-32 所示，已知 $U_{CC} = 15V$，$R_{B1} = 40k\Omega$，$R_{B2} = 20k\Omega$，$R_C = 2k\Omega$，$R_{E1} = 200\Omega$，$R_{E2} = 1.8k\Omega$，$R_L = 2k\Omega$，$\beta = 50$。试求：（1）静态估算值；（2）画出微变等效电路，计算电压放大倍数 A_u、输入电阻 r_i、输出电阻 r_o。

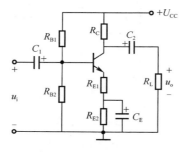

图 2-32 习题 2-24 的图

2-25 在图 2-24 所示的共源极放大电路中，已知 $U_{DD} = 20V$，$R_{G1} = 200k\Omega$，$R_{G2} = 51k\Omega$，$R_G = 1M\Omega$，$R_S = 10k\Omega$，$R_D = 10k\Omega$，$R_L = 10k\Omega$，场效应管的参数为 $I_{DSS} = 0.9mA$，$U_{GS(off)} = -4V$，$g_m = 1.5mA/V$。试求：（1）静态值；（2）电压放大倍数、输入电阻、输出电阻。

第3章 集成运算放大器

集成电路是继电子管和晶体管后的第三代具有电路功能的电子器件，它把整个电路的各个元器件以及相互之间的连接同时制造在一块半导体芯片上，组成一个不可分割的整体。与由晶体管等分立元器件连成的分立电路相比，集成电路不仅减小了电路的体积和重量，降低了成本，而且大大提高了电路工作的可靠性，减轻了组装和调试的工作量。

按集成度分类，集成电路有小规模集成电路（SSI，内部包含十至几十个元器件），中规模集成电路（MSI，内部包含上百个元器件），大规模和超大规模集成电路（LSI 和 VLSI，内部包含成千上万个以上的元器件）；按导电类型分类，集成电路有双极型、单极型（场效应管）和两者兼容的；按功能分类，集成电路有模拟集成电路和数字集成电路，前者用来处理模拟信号（随时间连续变化的信号），包括集成运算放大器、集成功率放大器、集成稳压电源等，后者用来处理数字信号（随时间不连续变化的信号），包括集成逻辑门电路、集成触发器以及各种集成组合逻辑电路和集成时序逻辑电路。本章介绍发展较早、应用较广泛的一种模拟集成电路——集成运算放大器。

本章将学习集成运算放大器在线性和非线性应用时的基本理论、分析依据和分析方法，并介绍由其构成的电路中反馈的概念、类型及组态的判别方法，以及负反馈对放大电路性能的影响。重点内容为集成运算放大器的线性应用。

3.1 集成运算放大器简介

集成运算放大器（简称集成运放）是一种高增益的直接耦合多级放大电路，因最初被用于模拟运算中，故名运算放大器。目前，其应用已远超出了运算放大，在信号的产生、变换、处理、测量等方面都起着非常重要的作用。

3.1.1 组成

集成运算放大器内部电路由输入级、中间级、输出级和偏置电路 4 部分组成，如图 3-1 所示。

图 3-1 集成运算放大器的组成框图

输入级是提高运算放大器质量的关键部分，采用差分放大电路，有同相和反相两个输入端。要求其输入电阻高（$1 \times 10^5 \sim 1 \times 10^6 \Omega$），静态电流小，差模放大倍数高，抑制零点漂移和共模干扰信号的能力强。

中间级主要进行电压放大，由多级共射极放大电路组成，该级电压放大倍数可达 $1\times10^4\sim$ 1×10^6 倍。

输出级与负载相连，由互补功率放大电路或射极输出器构成，要求其输出电阻低（几十至几百欧），带负载能力强。

偏置电路向上述各级电路提供稳定和合适的偏置电流，决定了各级的静态工作点，由各种恒流源电路组成。

由于集成电路制造工艺的限制，运算放大器的硅片上不能制作大容量电容，电感不能集成，故大电容、电感和变压器均需外接；电阻的阻值有限，常用晶体管恒流源代替大电阻，电位器需外接；二极管多用晶体管的发射结代替。

图 3-2 是 CF741 型集成运算放大器的外部接线和引脚图，有圆壳式和双列直插式两种封装。CF741 通过 7 个引脚与外电路相接，各引脚功能如下。

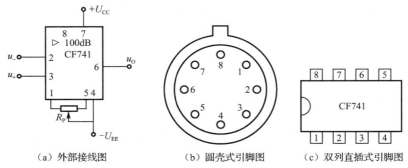

（a）外部接线图　　　（b）圆壳式引脚图　　　（c）双列直插式引脚图

图 3-2　CF741 的外部接线和引脚图

引脚 2 为反相输入端，由此端接入信号时，输出信号与输入信号反相。

引脚 3 为同相输入端，由此端接入信号时，输出信号与输入信号同相。

引脚 4 为负电源端，接 -15V 稳压电源。

引脚 7 为正电源端，接 +15V 稳压电源。

引脚 1 和引脚 5 为调零端，外接调零电位器，通常为 10kΩ。

引脚 6 为输出端。

引脚 8 为空脚。

3.1.2　主要参数

（1）开环电压放大倍数 A_{uo}

A_{uo} 是指在无外加反馈情况下的差模电压放大倍数。A_{uo} 越大，所构成的运算放大电路越稳定，运算精度也越高。A_{uo} 一般为 $10^4\sim10^7$，即 $80\sim140$dB。

（2）差模输入电阻 r_{id}

r_{id} 是指差模信号输入时，运放的开环（无反馈）输入电阻。一般为几十千欧至几十兆欧。

（3）输入失调电压 U_{IO}

对于理想运算放大器，当输入电压为零时，输出电压也应为零。但实际上，由于制造中元器件参数的不完全对称性，输入电压为零时输出并不为零。在室温及标准电源电压下，输入为零时，为了使输出电压为零，在输入端所加的补偿电压即称为输入失调电压。其值大小反映了运放的对称程度，U_{IO} 越小，对称程度越好。U_{IO} 一般为几毫伏。

（4）输入失调电流 I_{IO}

I_{IO} 是指输入信号为零时，两个输入端静态基极电流之差，即 $I_{IO} = |I_{B1} - I_{B2}|$。其值大小反映了输入级差动管输入电流的对称性，越小越好。I_{IO} 一般为 1nA～0.1μA。

（5）输入偏置电流 I_{IB}

I_{IB} 是指输入信号为零时，两个输入端静态基极电流的平均值，即 $I_{IB} = \dfrac{I_{B1} + I_{B2}}{2}$。其值大小主要与电路中第一级管子的性能有关。$I_{IB}$ 越小，表明运算放大器的输入阻抗越高。一般为零点几微安。

（6）最大共模输入电压 U_{ICM}

U_{ICM} 是指运算放大器所能承受的最大共模输入电压。若超出此电压值，运算放大器的共模抑制能力大大下降，甚至造成器件损坏。

（7）最大差模输入电压 U_{IDM}

U_{IDM} 是指运算放大器两个输入端所能承受的最大差模输入电压。若超出此值，输入级中的管子将会出现反向击穿，甚至损坏。

（8）最大输出电压 U_{OM}

U_{OM} 指能使输出电压和输入电压保持不失真关系的最大输出电压。

（9）共模抑制比 K_{CMRR}

K_{CMRR} 的定义与差分放大电路中的相同。一般在 65～130dB。

（10）输入失调电压温漂 dU_{IO}/dT

dU_{IO}/dT 是指在规定的温度范围内，输入失调电压 U_{IO} 随温度的平均变化率，是衡量电路温漂的重要指标。它不能通过外接调零装置进行补偿。一般为 $\pm(10\sim20)\mu V/℃$。

目前运算放大器的种类繁多，根据用途分类如下。

- 通用型：性能指标适合一般使用，按问世先后可分为 Ⅰ、Ⅱ、Ⅲ 代产品，如 CF741 为第 Ⅲ 代产品。
- 低功耗型：要求在电源电压为 ±15V 时，最大功耗不大于 6mW；或要求工作在低电源电压时，具有低的静态功耗并保持良好的电气性能。目前国产型号有 F253、F012、FC54、XFC75 等，一般用于对能源有严格限制的遥测、遥感、生物医学和空间技术设备中。
- 低漂移型：要求输入失调电压温漂 $dU_{IO}/dT < 2\mu V/℃$。如 FC72、F032、XFC78、OP07、OP27 等，主要用于毫伏级或更低的微弱信号的精密检测、精密模拟计算以及自动控制仪表中。
- 高阻型：要求开环差模输入电阻不小于 1MΩ，输入失调电压 U_{IO} 不大于 10mV。如 F3030，主要用于模拟解调器、采样保持电路及有源滤波器中。

另外，还有高速型、高压型、宽带型、大功率型等。使用时须查阅集成运算放大器手册，详细了解它们的参数，作为使用和选择的依据。

3.1.3 理想运算放大器的电压传输特性和分析依据

1. 理想运算放大器的特点

为了分析方便，在实际工程计算中常用理想运算放大器来代替实际集成运放，其误差非常小，完全可以忽略不计。理想运算放大器的符号如图 3-3 所示，u_+为同相输入端，u_-为反相输入端，u_O为输出端。理想运算放大器的特点是：

① 开环电压放大倍数 $A_{uo} \to \infty$；

② 差模输入电阻 $r_{id} \to \infty$；

③ 开环输出电阻 $r_o \to 0$；

④ 共模抑制比 $K_{CMRR} \to \infty$。

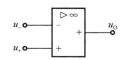

图 3-3　理想运算放大器的符号

2．电压传输特性

运算放大器的电压传输特性是指开环时，输出电压与输入电压之间的关系。

实际运放的电压传输特性如图 3-4（a）所示，可分为线性区和饱和区。在线性区，u_O 和 $(u_+ - u_-)$是线性关系，即

$$u_O = A_{uo}(u_+ - u_-) \tag{3-1}$$

A_{uo} 越大，传输特性曲线越陡。在饱和区，输出电压分别为正的最大值$+U_{OM}$ 和负的最大值$-U_{OM}$，分别接近于正负电源电压值。

理想运算放大器的电压传输特性如图 3-4（b）所示，由于其 A_{uo} 无穷大，几乎没有线性区，所以通常要引入深度电压负反馈，才能使其工作在线性区。

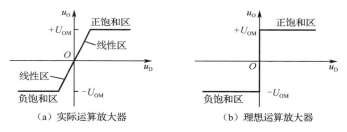

（a）实际运算放大器　　　　　　　（b）理想运算放大器

图 3-4　运算放大器的电压传输特性

3．理想运放的分析依据

当运放工作于线性区时，由于 $A_{uo} \to \infty$，而输出电压是有限值，所以 $u_+ - u_- = 0$，即

$$u_+ = u_- \tag{3-2}$$

式（3-2）称为理想运放的"虚短"，即两个输入端没有短接，但相当于短路。

由于 $r_{id} \to \infty$，而输入电压是有限值，所以两个输入端的输入电流为零，即

$$i_+ = i_- = 0 \tag{3-3}$$

式（3-3）称为理想运放的"虚断"，即两个输入端没有断路，但相当于断路。

由于 $r_o \to 0$，所以有载和空载时的输出电压相等。

"虚短"和"虚断"是分析各种由运算放大器构成的线性电路的基本依据，且分析时不用考虑负载情况。

运放工作于饱和区时，u_O 与 $(u_+ - u_-)$ 不再是线性关系。

当 $u_+ > u_-$ 时，$u_O = +U_{OM}$，u_O 达到正饱和电压。

当 $u_+ < u_-$ 时，$u_O = -U_{OM}$，u_O 达到负饱和电压。

所以当运放工作于饱和区时，"虚短"的概念不再成立，但"虚断"的概念仍是成立的，可将上面两种情况作为分析的依据。

练习与思考

3.1.1　集成运算放大器内部电路由哪几部分构成？各部分有何特点？

3.1.2　理想运算放大器有哪些条件？

3.1.3　理想运算放大器工作于线性区和饱和区时各有什么特点？分析方法有何不同？

3.2　集成运算放大器在信号运算方面的应用

集成运算放大器与外部电阻、电容等一起构成闭环电路，能对各种模拟信号进行比例、加法、减法、积分、微分、乘法和除法等运算。此时运算放大器工作于线性区，可依据式（3-2）、式（3-3）进行分析。

3.2.1　比例运算电路

1. 反相比例运算电路

反相比例运算电路如图 3-5 所示，信号由反相输入端输入，为使运放的输入级（即差分放大电路的参数）保持对称，平衡电阻 $R_2 = R_1 // R_F$。

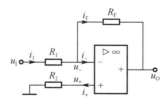

图 3-5　反相比例运算电路

因为虚断，$i_+ = i_- = 0$，同相端电位 $u_+ = R_2 i_+ = 0$。

因为虚短，反相端电位 $u_- = u_+ = 0$。此现象称为"虚地"，即反相输入端未直接接地，但电位为零。

对反相端列电流方程，有

$$i_1 = i_F + i_- = i_F + 0 = i_F \tag{3-4}$$

由欧姆定律可得 $i_1 = \dfrac{u_1 - u_-}{R_1} = \dfrac{u_1}{R_1}$，$i_F = \dfrac{u_- - u_O}{R_F} = -\dfrac{u_O}{R_F}$，将它们代入式（3-4），整理得

$$\frac{u_1}{R_1} = -\frac{u_O}{R_F}$$

$$u_O = -\frac{R_F}{R_1} u_I \tag{3-5}$$

电路的闭环电压放大倍数为

$$A_{\mathrm{uf}} = \frac{u_{\mathrm{O}}}{u_{\mathrm{I}}} = -\frac{R_{\mathrm{F}}}{R_1} \qquad\qquad (3\text{-}6)$$

式中，A_{uf} 的大小只与电阻 R_{F} 和 R_1 的比值有关，与运放本身参数无关，且 A_{uf} 为负值，即输出电压与输入电压反相。

若 $R_1 = R_{\mathrm{F}}$，则 $u_{\mathrm{O}} = -u_{\mathrm{I}}$，此时电路称为反相器。

在电子检测设备中经常需要性能接近理想的电压源，图 3-6 所示电路可满足此要求。

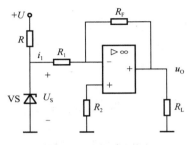

图 3-6　可调电压源

稳压管的稳定电压作为反相输入端的固定电压，则输出电压为

$$u_{\mathrm{O}} = -\frac{R_{\mathrm{F}}}{R_1} U_{\mathrm{S}}$$

当负载 R_{L} 在允许范围内变化时，输出电压 u_{O} 保持不变；当改变 R_1 或 R_{F} 时，可以调节输出电压 u_{O} 的大小，故这是一个电压连续可调的恒压源。调节 R_1 与 R_{F} 的比值，甚至可获得低于 U_{S} 的输出电压，因此可以用作较低电压的标准电源。

2．同相比例运算电路

同相比例运算电路如图 3-7 所示，信号由同相输入端输入，平衡电阻 $R_2 = R_1 \mathbin{/\!/} R_{\mathrm{F}}$。

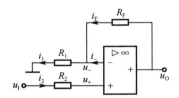

图 3-7　同相比例运算电路

因为虚断，$i_2 = i_+ = i_- = 0$，同相端电位 $u_+ = u_{\mathrm{I}} - R_2 i_2 = u_{\mathrm{I}} - 0 = u_{\mathrm{I}}$。

因为虚短，反相端电位 $u_- = u_+ = u_{\mathrm{I}}$。

对反相端列电流方程，有

$$i_1 = i_{\mathrm{F}} + i_- = i_{\mathrm{F}} + 0 = i_{\mathrm{F}} \qquad\qquad (3\text{-}7)$$

由欧姆定律可得 $i_1 = \dfrac{u_-}{R_1} = \dfrac{u_{\mathrm{I}}}{R_1}$，$i_{\mathrm{F}} = \dfrac{u_{\mathrm{O}} - u_-}{R_{\mathrm{F}}} = \dfrac{u_{\mathrm{O}} - u_{\mathrm{I}}}{R_{\mathrm{F}}}$，将它们代入式（3-7），整理得

$$\frac{u_{\mathrm{I}}}{R_1} = \frac{u_{\mathrm{O}} - u_{\mathrm{I}}}{R_{\mathrm{F}}}$$

$$u_{\mathrm{O}} = \left(1 + \frac{R_{\mathrm{F}}}{R_1}\right) u_{\mathrm{I}} \qquad\qquad (3\text{-}8)$$

电路的闭环电压放大倍数为

$$A_{uf} = \frac{u_O}{u_I} = 1 + \frac{R_F}{R_1}$$

（3-9）

A_{uf} 的数值总为正，故称为同相比例运算电路。

若 $R_1 = \infty$ 或 $R_F = 0$，则 $u_O = u_I$，此时电路为电压跟随器，电路如图 3-8 所示。

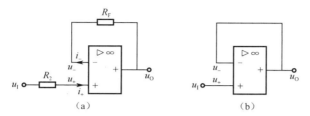

图 3-8　电压跟随器

例 3.2.1　求图 3-9 所示电路的电压放大倍数 A_{uf}。

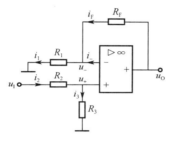

图 3-9　例 3.2.1 的图

解：因为虚断，$i_+ = i_- = 0$，所以电流 $i_2 = i_3 + i_+ = i_3$，电阻 R_2 和 R_3 可看作串联，同相端电位由电阻 R_2 和 R_3 分压求得，$u_+ = \dfrac{R_3}{R_2 + R_3} u_I$。

因为虚短，反相端电位 $u_- = u_+ = \dfrac{R_3}{R_2 + R_3} u_I$。

对反相端列电流方程，有

$$i_1 = i_F + i_- = i_F + 0 = i_F$$

（3-10）

由欧姆定律可得 $i_1 = \dfrac{u_-}{R_1}$，$i_F = \dfrac{u_O - u_-}{R_F}$，将它们代入式（3-10），整理得

$$\frac{u_-}{R_1} = \frac{u_O - u_-}{R_F}$$

$$u_O = \left(1 + \frac{R_F}{R_1}\right) u_- = \left(1 + \frac{R_F}{R_1}\right) \frac{R_3}{R_2 + R_3} u_I$$

（3-11）

电路的闭环电压放大倍数为

$$A_{uf} = \frac{u_O}{u_I} = \left(1 + \frac{R_F}{R_1}\right) \frac{R_3}{R_2 + R_3}$$

（3-12）

例 3.2.2　图 3-10 所示电路中，已知 $R_1 = 50k\Omega$，$R_F = 100k\Omega$，$u_I = 1V$。求输出电压 u_O。

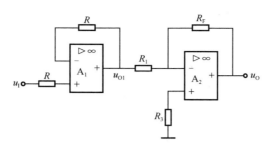

图 3-10　例 3.2.2 的图

解：在分析计算多级运算放大电路时，重要的是找出各级之间的相互关系。首先分析第一级输出电压与输入电压的关系，再分析第二级输出电压与输入电压的关系，逐级类推，最后确定整个电路的输出电压与输入电压的关系。本题电路的第一级 A_1 是电压跟随器，有 $u_{O1} = u_1$；第二级 A_2 是反相比例运算电路，其输入电压是第一级的输出电压，其输出电压就是整个电路的输出电压。所以，

$$u_O = -\frac{R_F}{R_1} u_{O1} = -\frac{R_F}{R_1} u_1 = -\frac{100}{50} \times 1V = -2V$$

3．测量实用电路

为了准确测量电路的电压和电流，一般要求电压表的内阻要大，电流表的内阻要小，但普通电表的内阻很难满足要求，利用比例运算电路可构成高精度的测量电路。

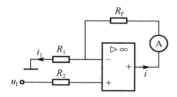

图 3-11　高精度直流电压表电路

（1）直流电压测量电路

高精度直流电压表电路如图 3-11 所示，其中电流表 A 的表头内阻与外接电阻之和为 R_F，u_1 是待测电压。利用虚断和虚短的概念，可以推导出

$$u_- = u_+ = u_I - R_2 i_+ = u_I - 0 = u_I$$

$$i = i_1 + i_- = i_1 + 0 = \frac{u_-}{R_1} = \frac{u_1}{R_1}$$

由上式可知，电流表中的电流 i 与待测电压 u_1 成正比，而与表头内阻无关。通过电流表的读数，便可计算出待测电压的大小。

高精度直流电压表的内阻不是表头的内阻，而是整个运放电路的输入电阻，由于在输入端中引入了串联负反馈（参见 3.4 节），所以运放电路的输入电阻较大，提高了电压表的精度。

当电阻 R_1 很小时，较小的待测电压也可在表头产生较大的电流，所以电压表的灵敏度也很高。

本电路也可用作电压-电流转换器。将电压信号加在同相输入端，电阻 R_F 用负载代替，即得到一个不受负载阻抗变化影响的电流源。

（2）直流电流测量电路

高精度直流电流表电路图 3-12 所示，其中电流表 A 的表头内阻与外接电阻之为 R，i_I 是待测电流。因为虚断，故 $i_I = i_F - i_- = i_F$。

因为反相端虚地，$u_- = u_+ = 0$，故 R_F 两端压降与 R_1 两端压降相等，即

$$R_F i_F = -R_1 i_1$$

而 $i_1 = i_F - i$，所以

$$i = \left(1 + \frac{R_{\mathrm{F}}}{R_1}\right)i_1$$

由上式可知，电流表中的电流 i 与待测电流 i_1 成正比，而与表头内阻无关。

高精度直流电流表的内阻不是表头的内阻，而是整个运放电路的输入电阻，由于在输入端引入了并联负反馈（参见 3.4 节），所以运放电路的输入电阻较小，提高了电流表的精度。

当比值 R_{F}/R_1 很大时，较小的待测电流也可在表头产生较大的电流，所以电流表的灵敏度也很高。

将表头用负载代替，则负载电流的大小取决于 R_{F}、R_1 和 i_1，而与负载无关。所以当负载在允许范围内变化时，负载电流可保持恒定不变，具有恒流源特性；而改变电阻 R_{F} 或 R_1，就可以调节负载电流的大小。故本电路也是一个电流可调的恒流源。

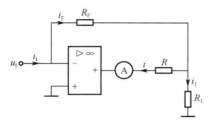

图 3-12　高精度直流电流表电路

3.2.2　加法运算电路

如果反相输入端有若干输入信号，则构成反相加法运算电路。以两个输入信号求和为例，其电路如图 3-13 所示。

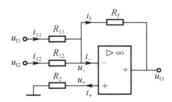

图 3-13　加法运算电路

明显地，反相输入端为虚地，$u_- = u_+ = 0$，所以有

$$i_{11} = \frac{u_{\mathrm{I}1} - u_-}{R_{11}} = \frac{u_{\mathrm{I}1}}{R_{11}}, \quad i_{12} = \frac{u_{\mathrm{I}2} - u_-}{R_{12}} = \frac{u_{\mathrm{I}2}}{R_{12}}, \quad i_{\mathrm{F}} = \frac{u_- - u_{\mathrm{O}}}{R_{\mathrm{F}}} = -\frac{u_{\mathrm{O}}}{R_{\mathrm{F}}}$$

在反相端列电流方程，并将上述各式代入整理，得

$$i_{\mathrm{F}} = i_{11} + i_{12}$$

$$-\frac{u_{\mathrm{O}}}{R_{\mathrm{F}}} = \frac{u_{\mathrm{I}1}}{R_{11}} + \frac{u_{\mathrm{I}2}}{R_{12}}$$

$$u_{\mathrm{O}} = -\left(\frac{R_{\mathrm{F}}}{R_{11}}u_{\mathrm{I}1} + \frac{R_{\mathrm{F}}}{R_{12}}u_{\mathrm{I}2}\right) \tag{3-13}$$

如果将 $u_{\mathrm{I}1}$、$u_{\mathrm{I}2}$ 分别看作电源的单独作用，应用叠加定理也容易得到上式。

由式（3-13）可知，加法运算电路与运算放大器本身的参数无关，只要电阻阻值足够精确，就可保证加法运算的精度和稳定性。

当 $R_{11} = R_{12} = R_1$ 时，式（3-13）简化为

$$u_O = -\frac{R_F}{R_1}(u_{I1} + u_{I2}) \qquad (3-14)$$

当 $R_{11} = R_{12} = R_F$ 时，式（3-13）简化为

$$u_O = -(u_{I1} + u_{I2}) \qquad (3-15)$$

平衡电阻取 $R_2 = R_{11} /\!/ R_{12} /\!/ R_F$。

该电路可以推广到多个信号相加。如果将输入信号全部接到同相输入端，则可构成同相加法运算电路，参见习题 3.21。

例 3.2.3 一个测量系统的输出电压和某些非电信号（经传感器变换为电信号）的关系为 $u_O = -(4u_{I1} + 2u_{I2})$，若用图 3-13 所示电路实现该功能，试选择各电阻的阻值，设 $R_F = 100\mathrm{k}\Omega$。

解：由式（3-13）可得

$$R_{11} = \frac{R_F}{4} = \frac{100}{4}\mathrm{k}\Omega = 25\mathrm{k}\Omega$$

$$R_{12} = \frac{R_F}{2} = \frac{100}{2}\mathrm{k}\Omega = 50\mathrm{k}\Omega$$

$$R_2 = R_{11} /\!/ R_{12} /\!/ R_F \approx 14.3\mathrm{k}\Omega$$

3.2.3　减法运算电路

由上述分析可知，当输入正信号单独加到同相输入端时，输出为正；当输入正信号单独加到反相输入端时，输出为负。因此，当两个输入信号分别加到同相和反相输入端时，即可实现减法运算，此时信号输入方式为差分输入。减法运算在测量和控制系统中的应用很多，其电路如图 3-14 所示。

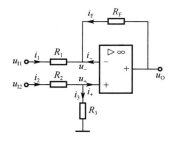

图 3-14　减法运算电路

由例 3.2.1 的分析可知，反相端电位 $u_- = u_+ = \dfrac{R_3}{R_2 + R_3}u_{I2}$。

对反相端列电流方程，并将上式代入整理，得

$$i_1 = -i_F - i_- = -i_F$$

$$\frac{u_{I1} - u_-}{R_1} = -\frac{u_O - u_-}{R_F}$$

$$u_O = \left(1 + \frac{R_F}{R_1}\right)\frac{R_3}{R_2 + R_3}u_{I2} - \frac{R_F}{R_1}u_{I1} \qquad (3-16)$$

根据叠加定理可知，式（3-16）中第一项为 u_{I2} 单独输入时的输出电压，第二项为 u_{I1} 单独输入时的输出电压。

当 $R_1 = R_2$ 和 $R_F = R_3$ 时，式（3-16）简化为

$$u_O = \frac{R_F}{R_1}(u_{I2} - u_{I1}) \tag{3-17}$$

当 $R_1 = R_2 = R_3 = R_F$ 时，式（3-16）简化为

$$u_O = u_{I2} - u_{I1} \tag{3-18}$$

例 3.2.4　试求图 3-15 所示电路的输出电压 u_O。

解：第一级 A_1 是加法运算电路，第二级 A_2 是减法运算电路，A_1 的输出电压是 A_2 的输入电压。所以

$$u_{O1} = -(0.2 - 0.4)V = 0.2V$$

$$u_O = -0.6 - u_{O1} = (-0.6 - 0.2)V = -0.8V$$

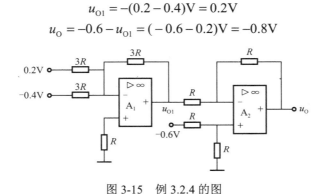

图 3-15　例 3.2.4 的图

3.2.4　积分运算电路

将反相比例运算电路中的反馈电阻 R_F 换成电容 C_F，就构成了积分运算电路，如图 3-16（a）所示。

明显地，反相输入端为"虚地"，所以有：

$$i_1 = \frac{u_1 - u_-}{R_1} = \frac{u_1}{R_1}$$

$$i_C = C_F \frac{du_C}{dt} = C_F \frac{d(u_- - u_O)}{dt} = -C_F \frac{du_O}{dt}$$

在反相端列电流方程，并将上述各式代入整理，得

$$i_1 = i_F + i_- = i_F = i_C$$

$$\frac{u_1}{R_1} = -C_F \frac{du_O}{dt}$$

$$u_O = -\frac{1}{R_1 C_F} \int u_1 dt \tag{3-19}$$

图 3-16（b）为输入阶跃电压时的输出电压波形，此时有

$$u_O = -\frac{u_1}{R_1 C_F} t \tag{3-20}$$

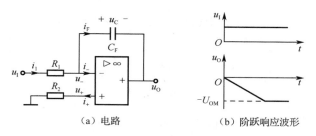

(a) 电路   (b) 阶跃响应波形

图 3-16 积分运算电路及其阶跃响应波形

输出电压与时间 t 成正比，最后达到负饱和值$-U_{OM}$。此电路由于充电电流（$i_F = i_1$）基本上是恒定的，所以 u_O 是时间的一次函数，其线性度比只用 R、C 元件构成的积分电路有显著提高。

例 3.2.5 在图 3-16（a）所示积分电路中，已知 $R_1 = 100\text{k}\Omega$，$C_F = 0.5\mu\text{F}$，$u_I = 1\text{V}$，$U_{OM} = 10\text{V}$。假设电容上初始电压为零，问经过多长时间，输出电压 u_O 达到负饱和电压值。

解： 应用式（3-20），有

$$-10 = -\frac{1}{100 \times 10^3 \times 0.5 \times 10^{-6}}t$$

解得，$t = 0.5\text{s}$。

积分电路不仅用于信号运算，在控制和测量电路中也被广泛应用。它与反相比例运算组合起来的比例-积分调节器（简称 PI 调节器），如图 3-17 所示，常用作自动控制系统的校正电路，以保证系统的稳定性和控制精度。

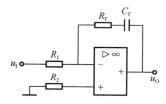

图 3-17 比例-积分运算电路

3.2.5 微分运算电路

将积分运算电路反相输入端的电阻与反馈电容调换位置，即为微分运算电路，如图 3-18（a）所示。

因反相输入端为"虚地"，所以有

$$i_1 = i_C = C_1 \frac{du_C}{dt} = C_1 \frac{d(u_I - u_-)}{dt} = C_1 \frac{du_1}{dt}$$

$$i_F = \frac{u_- - u_O}{R_F} = -\frac{u_O}{R_F}$$

在反相端列电流方程，并将上述各式代入整理，得

$$i_1 = i_F + i_- = i_F$$

$$C_1 \frac{du_1}{dt} = -\frac{u_O}{R_F}$$

$$u_O = -R_F C_1 \frac{\mathrm{d}u_I}{\mathrm{d}t} \qquad\qquad (3\text{-}21)$$

当 u_I 为阶跃电压时，u_O 为尖脉冲电压，如图 3-18（b）所示。

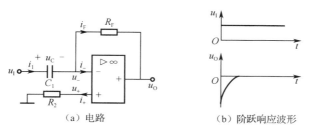

（a）电路　　　　　　　　　　（b）阶跃响应波形

图 3-18　微分运算电路及其阶跃响应波形

反相比例运算与微分运算组合起来的比例–微分调节器（简称 PD 调节器），如图 3-19 所示，用在自动控制系统中，对调速过程起加速的作用。

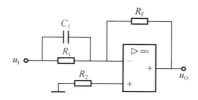

图 3-19　比例–微分运算电路

练习与思考

3.2.1　反相比例运算电路和同相比例运算电路各有什么特点？

3.2.2　什么是"虚地"？运算电路在什么情况下才存在"虚地"？

3.2.3　试总结运算电路的分析方法。

3.3　有源滤波器*

滤波器也称选频电路，是一种信号处理电路。其作用是选出有用信号，同时抑制无用的信号。它能使一定频率范围内的信号顺利通过，无衰减或衰减很小，而在此频率范围以外的信号不易通过，达到尽可能大的衰减。

按所采用的元器件，滤波器可分为无源滤波器和有源滤波器。无源滤波器一般由电阻、电容和电感组成，这种滤波器在低频时体积大，很难做到小型化。含有集成运算放大器的滤波器称为有源滤波器，具有体积小、效率高、频率特性好等优点。

按频率范围的不同，滤波器可分为低通、高通、带通和带阻等。本书只介绍有源低通和高通滤波器。

3.3.1　有源低通滤波器

一阶有源低通滤波器的电路如图 3-20（a）所示。设输入电压为某一频率的正弦电压，可用相量来分析该电路。

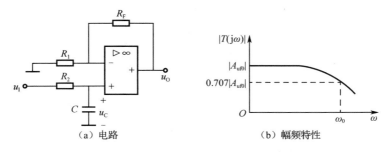

（a）电路 　　　　　（b）幅频特性

图 3-20　一阶有源低通滤波器及其幅频特性

由 RC 电路得出

$$\dot{U}_{+} = \dot{U}_{C} = \frac{\dfrac{1}{j\omega C}}{R + \dfrac{1}{j\omega C}}\dot{U}_{I} = \frac{\dot{U}_{I}}{1 + j\omega RC}$$

根据同相比例运算电路的计算公式，得

$$\dot{U}_{O} = \left(1 + \frac{R_{F}}{R_{1}}\right)\dot{U}_{+} = \left(1 + \frac{R_{F}}{R_{1}}\right)\frac{\dot{U}_{I}}{1 + j\omega RC}$$

故

$$\frac{\dot{U}_{O}}{\dot{U}_{I}} = \frac{1 + \dfrac{R_{F}}{R_{1}}}{1 + j\omega RC} = \frac{1 + \dfrac{R_{F}}{R_{1}}}{1 + j\dfrac{\omega}{\omega_{0}}}$$

式中，$\omega_{0} = \dfrac{1}{RC}$，称为滤波器的截止角频率。

若频率 ω 为变量，则代表该电路输出电压与输入电压关系的传递函数为

$$T(j\omega) = \frac{U_{O}(j\omega)}{U_{I}(j\omega)} = \frac{1 + \dfrac{R_{F}}{R_{1}}}{1 + j\dfrac{\omega}{\omega_{0}}} = \frac{A_{uf0}}{1 + j\dfrac{\omega}{\omega_{0}}} \tag{3-22}$$

式中，$A_{uf0} = 1 + \dfrac{R_{F}}{R_{1}}$，是当 $\omega = 0$ 时的传递函数值。

传递函数的模为

$$|T(j\omega)| = \frac{|A_{uf0}|}{\sqrt{1 + \left(\dfrac{\omega}{\omega_{0}}\right)^{2}}} \tag{3-23}$$

由式（3-23）可知，输入信号的频率越大，传递函数的模越小，当 $\omega = \omega_{0}$ 时，传递函数的模下降至 $|T(j\omega_{0})| = \dfrac{|A_{uf0}|}{\sqrt{2}}$。图 3-20（b）给出了传递函数幅值与频率的关系（即幅频特性）。从图中可以看出，当 $\omega \geq \omega_{0}$ 时，|T(jω)|衰减很快。显然，电路能使低于 ω_{0} 的信号顺利通过，衰减很小，而使高于 ω_{0} 的信号不易通过，衰减很大。若需改善滤波效果，使 $\omega \geq \omega_{0}$ 时信号衰

减得更快些，常将两节 RC 电路串联起来，组成二阶有源低通滤波器。

3.3.2 有源高通滤波器

将有源低通滤波器中 R 与 C 的位置交换，即为有源高通滤波器。一阶有源高通滤波器的电路如图 3-21（a）所示。

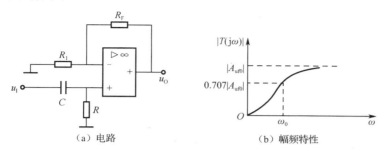

图 3-21　一阶有源高通滤波器及其幅频特性

同理可得该电路的传递函数为

$$T(\mathrm{j}\omega) = \frac{A_{\mathrm{uf0}}}{1 - \mathrm{j}\dfrac{\omega_0}{\omega}}$$

（3-24）

式中，截止角频率 $\omega_0 = \dfrac{1}{RC}$，$A_{\mathrm{uf0}} = 1 + \dfrac{R_F}{R_1}$，是当 $\omega = \infty$ 时的传递函数值。其模为

$$|T(\mathrm{j}\omega)| = \frac{|A_{\mathrm{uf0}}|}{\sqrt{1 + \left(\dfrac{\omega_0}{\omega}\right)^2}}$$

（3-25）

有源高通滤波器的幅频特性如图 3-21（b）所示。显然，电路能使高于 ω_0 的信号顺利通过，衰减很小，而使低于 ω_0 的信号不易通过，衰减很大。

练习与思考

3.3.1　有源低通和高通滤波器的电路有何异同点？

3.3.2　有源滤波器中的运算放大器工作在何种状态？

3.3.3　截止角频率有何意义？

3.4　放大电路中的反馈

反馈是一个广义的概念，我们常说的自动控制其实就是反馈控制。在电子电路中反馈的应用极为广泛，如第 2 章中介绍的分压式偏置共发射极放大电路、差分放大电路中都有反馈，而在由集成运算放大器组成的放大电路中，也要引入反馈，以改善放大电路的性能。本节主要介绍在集成运算放大器中的反馈。

3.4.1 反馈的概念

将放大电路输出端的信号（电压或电流）的一部分或全部通过某种电路（反馈电路）引回到输入端，与输入信号一起共同作用于放大电路的输入端，就称为反馈。

引入反馈的放大电路可称为反馈放大电路或闭环放大电路，而未引入反馈的放大电路则称为基本放大电路或开环放大电路。所以反馈放大电路是由基本放大电路和反馈电路组成的，其方框图如图 3-22 所示。

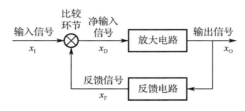

图 3-22 反馈放大电路方框图

图中的 x 表示电压或电流信号，信号的传递方向如图中箭头所示，x_I、x_O 和 x_F 分别为输入、输出和反馈信号，x_F 和 x_I 在输入端比较，得出净输入信号 x_D。

3.4.2 反馈的类型

1．按反馈信号的极性分类

若反馈信号与输入信号的极性相同，使净输入信号增加，则称这种反馈为正反馈；若反馈信号与输入信号的极性相反，使净输入信号减小，则称这种反馈为负反馈。在放大电路中只能引入负反馈，否则将产生自激振荡，使放大电路不能正常工作。前面介绍的运算放大电路和有源滤波器中引入了负反馈，以使集成运放工作于线性区；而后面将介绍的振荡器中引入正反馈，是为了让集成运放工作于饱和区，产生波形。

正、负反馈的判别可采用瞬时极性法，其步骤如下。

（1）找出连接输入回路和输出回路的反馈电路，反馈电路一般由电阻、电容元件构成；

（2）假定在某一瞬时放大电路的输入信号为正极性（方向），按照基本放大电路的性质确定输出信号的极性（方向），再由反馈电路确定反馈信号的极性（方向）；

（3）根据输入信号与反馈信号极性（方向）的关系，判断反馈的性质是正反馈还是负反馈。

对于单级集成运放电路，判别的方法比较简单：若反馈元件将输出端信号反馈回反相输入端，则为负反馈；若反馈元件将输出端信号反馈回同相输入端，则为正反馈。

2．按输入端的连接方式分类

若反馈信号与输入信号串接在输入回路中，以电压的形式相加产生净输入电压信号，则称之为串联反馈；若反馈信号与输入信号并接在输入回路中，以电流的形式相加产生净输入电流信号，则称之为并联反馈。

对于由集成运放构成的放大电路，输入信号和反馈信号分别接在两个输入端（同相和反相）的，是串联反馈；接在同一个输入端（同相或反相）的，是并联反馈。并且对于串联反馈，输入信号和反馈信号极性相同时，是负反馈，极性相反时，是正反馈；对于并联反馈，输入信号和反馈信号极性相同时，是正反馈，极性相反时，是负反馈。

3. 按输出端的采样方式分类

若反馈量取自输出端的电压，并与之成比例，则称之为电压反馈；若反馈量取自输出端的电流，并与之成比例，则称之为电流反馈。

一般可以采用输出短路法进行判别：将输出端短路（$R_L = 0$），此时输出电压 $u_O = 0$，若反馈信号也变 0，则反馈信号与输出电压有关，可判定为电压反馈，否则为电流反馈。注意，输出端短路，是将 R_L 短路，不一定是对地短路。

对于由集成运放构成的放大电路，若反馈电路直接从输出端引出，则是电压反馈；从负载电阻 R_L 的靠近"地"端引出，则是电流反馈。

此外，按信号性质还可分为直流反馈和交流反馈。若反馈信号是直流成分，则为直流反馈，主要用于稳定静态工作点；若反馈信号是交流成分，则为交流反馈，主要用于改善放大电路的性能。很多情况下，直流反馈和交流反馈同时存在。

3.4.3 交流负反馈电路的 4 种组态

不同的输入连接方式和输出采样方式相互组合，可得到交流负反馈放大电路的 4 种组态，即电压串联负反馈、电压并联负反馈、电流串联负反馈、电流并联负反馈，如图 3-23 所示。

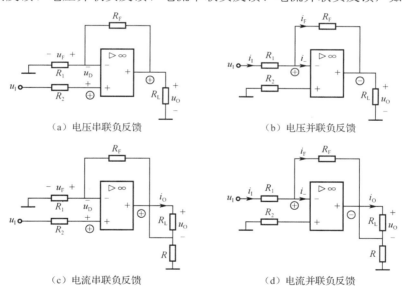

图 3-23　交流负反馈放大电路 4 种组态

1. 电压串联负反馈

在图 3-23（a）所示的反馈放大电路中，集成运放是基本放大电路，R_F 是连接电路输入端与输出端的反馈元件，R_1 和 R_F 组成反馈通路。

因反馈信号反馈到反相输入端，所以为负反馈。若用瞬时极性法判断，假设输入信号 u_I 的瞬时极性为正，图中用"$\oplus$"表示。因为输入信号接在同相输入端，则输出电压 u_O 也为正，

反馈信号 u_F 的极性同样为正，所以净输入信号 $u_D = u_I - u_F$ 小于输入信号，因而是负反馈。

从输入端看，R_F 接在运放的反相输入端，输入电压 u_I 接在运放的同相输入端，两者不接在同一输入端，因此输入信号与反馈信号在输入端以电压的形式串联相加，即 $u_D = u_I - u_F$，是串联反馈。

从输出端看，R_F 接在运放的输出端，为电压反馈。若采用输出短路法判断，假设输出端短路，$u_O = 0$，则反馈电压 $u_F = \dfrac{R_1}{R_1 + R_F} u_O = 0$，因此是电压反馈。

综上所述，该电路的反馈组态是电压串联负反馈。

2. 电压并联负反馈

在图 3-23（b）所示的反馈放大电路中，集成运放是基本放大电路，R_F 是连接电路输入端与输出端的反馈元件。

因反馈信号反馈到反相输入端，所以为负反馈。若用瞬时极性法判断，假设 u_I 的瞬时极性为正，因为输入信号接在反相输入端，则输出电压 u_O 为负，电流 i_1、i_F 和 i_-（即 i_D）的瞬时方向与图中参考方向一致，所以净输入信号 $i_D = i_1 - i_F$，小于输入信号 i_1，因而是负反馈。

从输入端看，R_F 接在运放的反相输入端，输入信号也接在运放的反相输入端，两者接在同一输入端，因此输入信号与反馈信号在输入端以电流的形式并联相加，即 $i_D = i_1 - i_F$，是并联反馈。

从输出端看，R_F 接在运放的输出端，为电压反馈。若采用输出短路法判断，假设输出端短路，$u_O = 0$，则反馈电流 $i_F = \dfrac{u_- - u_O}{R_F} \approx \dfrac{-u_O}{R_F} = 0$，因此是电压反馈。

综上所述，该电路的反馈组态是电压并联负反馈。

3. 电流串联负反馈

图 3-23（c）所示电路结构与图 3-23（a）相似，可推知前者也是串联负反馈，但其信号采样方式与后者明显不同。从输出端看，R_F 接在负载电阻 R_L 的靠近"地"端，为电流反馈。若采用输出短路法判断，假设输出端短路（$R_L = 0$），则 $u_O = 0$，而反馈电压 $u_F = \dfrac{R_1 R}{R_1 + R_F + R} i_O \neq 0$，因此是电流反馈。

所以该电路的反馈组态是电流串联负反馈。

4. 电流并联负反馈

采用上面的判断方法可知图 3-23（d）所示电路的反馈组态是电流并联负反馈，判断过程不再赘述。

3.4.4 负反馈对放大电路工作性能的影响

放大电路中引入直流负反馈可稳定静态工作点。例如，在 2.2 节中介绍的分压式偏置共发射极放大电路中的电阻 R_E 具有直流负反馈的作用，用于稳定静态工作点。下面主要介绍交流负反馈对放大电路的性能影响。

若将未引入负反馈的基本放大电路的放大倍数称为开环放大倍数，用 A 表示；引入负反馈后，将包括反馈电路在内的整个放大电路的放大倍数称为闭环放大倍数，用 A_f 表示，则由

图 3-22 可知:

$$A = \frac{x_O}{x_D} \tag{3-26}$$

定义反馈信号与输出信号之比为反馈系数,即

$$F = \frac{x_F}{x_O} \tag{3-27}$$

引入负反馈后,净输入信号为

$$x_D = x_I - x_F \tag{3-28}$$

故

$$A_f = \frac{x_O}{x_I} = \frac{x_O}{x_D + x_F} = \frac{A}{1 + AF} \tag{3-29}$$

显然,$|A_f| < |A|$,引入负反馈后放大倍数降低了。$(1+AF)$ 称为反馈深度,其值越大,负反馈作用越强,$|A_f|$ 越小。

负反馈削弱了输入信号,使放大倍数下降,但它能在多方面改善放大电路的性能。

1. 提高放大倍数的稳定性

对式(3-29)求导数,可得

$$\frac{dA_f}{A_f} = \frac{1}{1 + AF} \cdot \frac{dA}{A} \tag{3-30}$$

上式表明,闭环放大倍数的相对变化量是开环放大倍数相对变化量的 $\frac{1}{1+AF}$。可见,引入负反馈后,放大倍数受外部因素影响很小,大大提高了其稳定性,且反馈深度越大,放大倍数越稳定。对于 $AF \gg 1$ 的深度负反馈,式(3-29)可简化为

$$A_f = \frac{A}{1 + AF} \approx \frac{1}{F} \tag{3-31}$$

此时闭环放大倍数 A_f 仅与反馈系数 F 有关。如前所述,反馈电路一般由无源元件(如电阻、电容)构成,参数受温度等环境条件影响很小,F 很稳定,因而 A_f 很稳定。

2. 改善非线性失真

当静态工作点选择得不合适,或者输入信号过大时,都将引起非线性失真,如图 3-24(a)所示。引入负反馈后,输出端失真的信号反馈到输入端,使净输入信号产生趋势相反的失真,经过放大后,使输出信号的失真得到一定程度的补偿,从而减小了输出波形的失真,如图 3-24(b)所示。

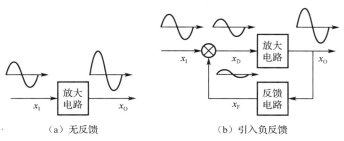

(a)无反馈   (b)引入负反馈

图 3-24 负反馈改善非线性失真

需要注意的是，负反馈只能减小本级放大器自身产生的非线性失真，对于输入信号的非线性失真，以及输入信号的干扰，负反馈是无能为力的。

3．展宽通频带

开环放大电路的通频带是有限的。引入负反馈后，由于中频段的开环放大倍数 $|A|$ 较大，反馈信号也较大，使闭环放大倍数 $|A_f|$ 降低得较多；而在低频段和高频段则由于 $|A|$ 较小，反馈信号也较小，使闭环放大倍数 $|A_f|$ 降低得较少。因此放大电路的通频带展宽了，如图 3-25 所示。

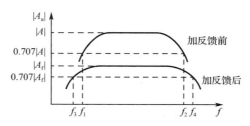

图 3-25　负反馈展宽通频带

4．稳定输出电压或输出电流

电压负反馈可稳定输出电压，使电路具有恒压输出的特性。例如，当 u_I 一定时，若由于某种原因使输出电压 u_O 下降，则电路将进行如下的自动调节过程：

$$u_O \downarrow \rightarrow u_F \downarrow \rightarrow u_D = (u_I - u_F) \uparrow \rightarrow u_O \uparrow$$

即负反馈的结果牵制了 u_O 的下降，使输出电压 u_O 基本稳定。

同理可知，电流负反馈可稳定输出电流，使电路具有恒流输出的特性。

5．改变输入电阻和输出电阻

因反馈元件接在放大电路的输入回路和输出回路之间，所以负反馈对放大电路的输入电阻和输出电阻会有影响。

负反馈对输入电阻的影响取决于输入端的连接方式：串联负反馈增大输入电阻，并联负反馈减小输入电阻。

负反馈对输出电阻的影响取决于输出端的采样方式：电压负反馈减小输出电阻（恒压输出特性），电流负反馈增大输出电阻（恒流输出特性）。

负反馈对放大电路各性能的改善程度都与反馈深度 $(1+AF)$ 有关，反馈深度越大，对放大电路放大性能的改善程度也越大。

例 3.4.1　试判别图 3-26 所示放大电路中从运算放大器 A_2 输出端引至 A_1 输入端的是何种类型的交流反馈？

解：首先找出级间反馈元件。电阻 R 的一端与输入端连接，另一端由输出端引出，所以 R 为反馈元件，且可同时反馈直流和交流信号。

因放大电路有两级，所以前述的根据反馈信号反馈到同相端还是反相端来判断正负反馈的方法不再适用，只能使用瞬时极性法，各瞬时极性如图 3-26 所示。假设输入信号 u_I 的极性为正，加至第一级放大电路 A_1 的反相输入端，A_1 的输出信号极性与输入信号极性相反，为负极性；该信号加至 A_2 的反相输入端，A_2 的输出信号 u_O 的极性为正。输出信号 u_O 再通过电

阻 R 反馈到 A_1 的同相输入端,且反馈信号的极性仍为正。因输入信号和反馈信号在 A_1 的不同输入端,且极性相同,反馈信号削弱了输入信号,使净输入信号减小,所以该电路引入的是负反馈。

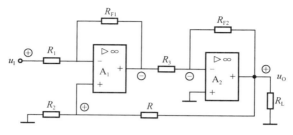

图 3-26 例 3.4.1 的图

最后判断电路的反馈组态。电阻 R 接在运放的输出端,为电压反馈。若采用输出短路法判断,假设输出端短路,$u_O = 0$,则反馈电压为零,因此是电压反馈。因输入信号和反馈信号在 A_1 的不同输入端,所以是串联反馈。

故该电路引入的级间反馈是电压串联负反馈。

练习与思考

3.4.1 负反馈有哪些类型?是如何分类的?怎样判别?

3.4.2 如果需要实现下列要求,在交流放大电路中应引入哪种类型的负反馈:

(1)输出电压 u_O 基本稳定,并能提高输入电阻;

(2)输出电流 i_O 基本稳定,并能减小输入电阻。

3.4.3 什么是反馈深度?它对放大电路的性能有何影响?

3.5 集成运算放大器的非线性应用*

本节介绍的电路中运算放大器处于开环状态或引入正反馈,所以工作在非线性状态。

3.5.1 电压比较器

电压比较器是一种模拟信号的处理电路。其功能是将输入电压与参考电压进行比较,并将比较的结果以高电平或低电平(即数字信号 1 或 0)输出。在自动控制及自动测量系统中,常将比较器用于越限报警、模/数转换以及各种非正弦波信号的产生和变换等场合。

图 3-27(a)所示电路是一种单门限比较器,输入电压 u_I 加在反相输入端,参考电压 U_R 加在同相输入端。当 $u_I < U_R$ 时,$u_O = +U_{OM}$;当 $u_I > U_R$ 时,$u_O = -U_{OM}$。其电压传输特性如图 3-27(b)所示。也可以将输入电压 u_I 加在同相输入端,参考电压 U_R 加在反相输入端,则得到的电压传输特性与图 3-27(b)所示的跃变情况相反,即在 $u_I = U_R$ 处输出电压从负饱和值跃变到正饱和值。

当 $U_R = 0$ 时,输入电压与零电压比较,称为过零比较器,其电路和电压传输特性分别如图 3-28(a)、(b)所示。若输入电压为正弦波信号,则 u_O 为矩形波信号,如图 3-28(c)所示,实现了波形的转换。

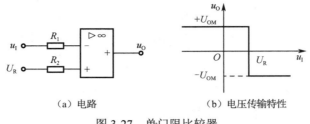

（a）电路　　　　　　　　　（b）电压传输特性

图 3-27　单门限比较器

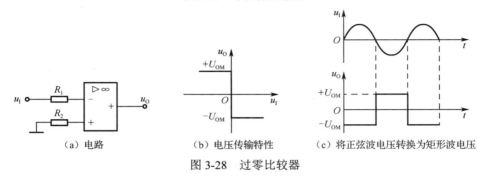

（a）电路　　　　（b）电压传输特性　　　（c）将正弦波电压转换为矩形波电压

图 3-28　过零比较器

图 3-29（a）所示电路是具有限幅作用的电压比较器。稳压管的作用是对输出电压进行限幅，以满足比较器输出端负载对逻辑电平的要求。当 $u_I < U_R$ 时，比较器输出端电压为 $-U_{OM}$，稳压管正向导通，若忽略其正向导通压降，则 $u_O \approx 0$；当 $u_I > U_R$ 时，比较器输出端电压为 U_{OM}，稳压管反向击穿，则 $u_O \approx U_S$。其电压传输特性如图 3-29（b）所示。

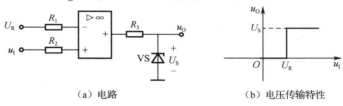

（a）电路　　　　　　　（b）电压传输特性

图 3-29　有限幅的电压比较器

还有一些其他形式的电压比较器，如滞回比较器、窗口比较器和集成比较器等，读者可自行参阅有关文献。

3.5.2　RC 正弦波振荡器

1. 自激振荡

电路中引入正反馈，使电路在没有外加输入信号的情况下，输出一定频率和幅度的交流信号的现象称为自激振荡。在放大电路中，自激振荡是非正常工作状态，必须设法消除它。而在正弦波产生电路（即正弦波振荡器）中，则要利用它来产生正弦波。

正弦波振荡器方框图如图 3-30 所示，图中 A 是基本放大电路，F 是反馈电路。

振荡电路必须含有 4 个环节：放大、正反馈、选频和稳幅。当振荡电路与电源接通时，电路中会激起一个微小的扰动信号，即起始信号。它是一个非正弦信号，含有一系列频率不同的正弦分量。放大和正反馈使起始扰动信号不断增大，选频电路可从中得到单一频率的正弦输出信号，稳幅电路保证信号不会无限增大而逐渐趋于稳定。

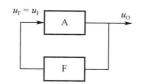

$$u_F = u_I \qquad u_O$$

图 3-30　正弦波振荡器方框图

图 3-30 中，放大电路的放大倍数为

$$A_u = \frac{\dot{U}_O}{\dot{U}_I} = \frac{\dot{U}_O}{\dot{U}_F}$$

反馈电路的反馈系数为

$$F = \frac{\dot{U}_F}{\dot{U}_O}$$

故

$$A_u F = \frac{\dot{U}_F}{\dot{U}_I} = 1$$

因此，振荡电路的自激条件是：

（1）反馈电压与输入电压同相，即必须是正反馈；

（2）反馈电压要等于所需的输入电压，使 $|A_u F| = 1$。

当满足自激条件时，电路中微小的起始扰动信号经选频后，通过正反馈电路反馈到输入端，反馈电压就可以经放大电路放大后有更大的输出。经过反馈→放大→再反馈→再放大的多次循环，最后利用非线性元件的非线性，使输出电压的幅度自动稳定在一个数值上。

2．RC 正弦波振荡电路

RC 正弦波振荡电路是以 RC 电路作为选频电路的自激振荡器，电路如图 3-31 所示。放大电路是同相比例运算电路，RC 串并联电路既是正反馈电路，又是选频电路。输出电压 u_O 经 RC 串并联电路分压后在 RC 并联电路上得到反馈电压 u_F，作为输入电压 u_I 加在运算放大器的同相输入端。由此得

$$F = \frac{\dot{U}_I}{\dot{U}_O} = \frac{\dfrac{-jRX_C}{R - jX_C}}{R - jX_C + \dfrac{-jRX_C}{R - jX_C}} = \frac{1}{3 + j\left(\dfrac{R^2 - X_C^2}{RX_C}\right)}$$

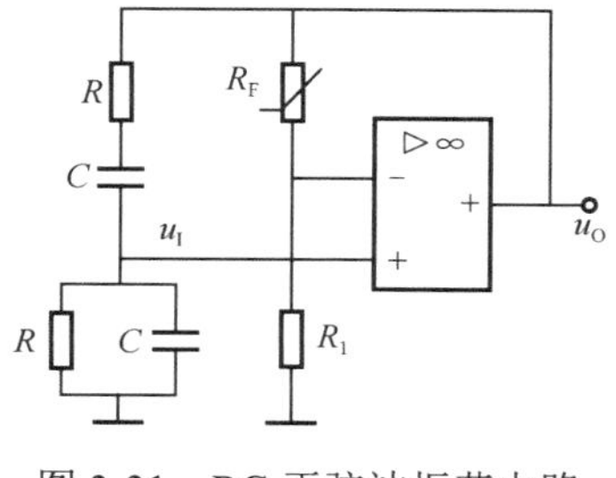

图 3-31　RC 正弦波振荡电路

若要 $\dot{U}_\text{I}$ 与 $\dot{U}_\text{O}$ 同相，则需 $R^2 - X_\text{C}^2 = 0$，即

$$R = X_\text{C} = \frac{1}{2\pi f C}$$

故使电路具有正反馈及选频作用的特定频率为

$$f = f_0 = \frac{1}{2\pi RC} \tag{3-32}$$

此时，$|F| = \dfrac{U_\text{I}}{U_\text{O}} = \dfrac{1}{3}$。所以当 $R_\text{F} = 2R_1$ 时，$|A_\text{u}| = \dfrac{u_\text{O}}{u_\text{I}} = 1 + \dfrac{R_\text{F}}{R_1} = 3$，从而使 $|A_\text{u}F| = 1$。

此电路不是靠运放内部的晶体管进入非线性区稳幅，而是通过从外部引入负反馈来达到稳幅的目的。电阻 R_F 是具有负温度特性的热敏电阻，加在它上面的电压越大，其功率越大，温度越高，阻值越小。起振时，振荡电压振幅小，R_F 的温度低，阻值大，使 $R_\text{F} > 2R_1$，$|A_\text{u}| > 3$，$|A_\text{u}F| > 1$，保证能够起振。随着振荡幅值的增大，R_F 的功率加大，温度上升，阻值减小，使放大倍数下降，直至 $R_\text{F} = 2R_1$，$|A_\text{u}| = 3$，$|A_\text{u}F| = 1$，振荡稳定，保证了放大器在线性条件下实现稳幅。另外，也可以用具有正温度系数的热敏电阻代替 R_1，与普通电阻 R_F 一起构成稳幅电路。

练习与思考

3.5.1 电压比较器的参考电压接在同相输入端和反相输入端，其电压传输特性有何不同？

3.5.2 正弦波振荡器产生自激振荡需要哪些条件？

3.5.3 正弦波振荡电路中为什么要有选频电路？没有它是否也能产生振荡？这时输出的是不是正弦信号？

3.5.4 为了使 RC 正弦波振荡电路起振，应满足什么条件？

3.6 Multisim 14 仿真实验 集成运算放大电路

1．实验内容

集成运算放大器可用于比例、加法、减法、积分、微分等运算电路，本节仅介绍反相比例和同相比例运算电路实验。通过实验，学会构建集成运算放大器的应用电路，并验证所学电路的理论知识。

2．实验步骤

（1）构建图 3-32 所示的反相比例运算电路

选取并放置集成运算放大器 U1（型号为 Analog/OPAMP/741），U1 的型号和参数与图 3-2 介绍的 CF741 的参数相同。引脚 2、3、6 分别为反相输入端、同相输入端、输出端。引脚 7、4 分别接 15V、−15V 的电源。引脚 1、5 外接平衡电阻，在仿真电路中不接平衡电阻不影响仿真结果，因此可省略。

选取并放置直流电压源 V1、V2、V3（类型为 POWER_SOURCE，DC_POWER），V1 作为输入信号 U_I，设置电压有效值为 0.2V～1V。V2、V3 分别作为运算放大器 U1 的 15V、−15V 工作电源，分别设置其电压有效值为 15V、15V。

选取并放置接地符号 GROUND。

放置电阻 R1、R2、R3，阻值分别为 10kΩ、10kΩ、100kΩ。

放置万用表 XMM1，设置为直流电压表，用于测量输出电压 U_O。

通过菜单 Place/Text 放置文字标记 U_I、U_O，表示输入、输出信号。

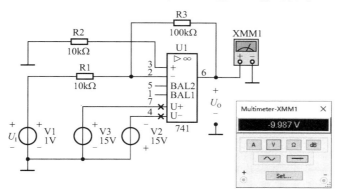

图 3-32　反相比例运算电路

（2）运行图 3-32 所示的反相比例运算电路，改变 U_I 的数值，测量对应 U_O 的数值，并填入表 3-1 中，验证反相比例电路的公式：

$$u_O = -\frac{R_F}{R_1}u_I = -\frac{R_3}{R_1}u_I \qquad (3-33)$$

（3）构建并运行图 3-33 所示的同相比例运算电路，改变 U_I 的数值，测量对应 U_O 的数值，并填入表 3-1 中，验证同相比例电路的公式：

$$u_O = -\left(1+\frac{R_F}{R_1}\right)u_I = -\left(1+\frac{R_3}{R_1}\right)u_I \qquad (3-34)$$

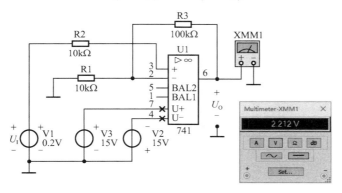

图 3-33　同相比例运算电路

表 3-1　比例运算电路实验结果

U_I（V）	0.2	0.4	0.6	0.8	1.0
U_O（V），反相比例电路	−1.988	−3.987	−5.987	−7.987	−9.987
U_O（V），同相比例电路	2.212	4.412	6.612	8.812	11.011

通过实验，验证了反相比例运算电路和同相比例运算电路的计算公式［式（3-33）和式（3-34）］。

练习与思考

依照图 3-32 和图 3-33，分别构建加法、减法运算电路，验证加法、减法电路的运算公式，自制表格，将实验结果填入表中。

本 章 小 结

1．集成运算放大器是用集成工艺制成的、具有高放大倍数的直接耦合多级放大电路。其应用分为线性应用和非线性应用两大部分。

2．运算放大器线性应用的条件是必须引入深度负反馈，分析依据是"虚断"和"虚短"，主要用以实现对各种模拟信号进行比例、加法、减法、积分、微分等数学运算，以及有源滤波等信号处理。

3．运算放大器非线性应用的条件是工作在开环状态或引入正反馈，分析依据是运算放大器的饱和特性，主要用以实现电压比较、波形发生等。

4．正确理解反馈的基本概念，是分析各种负反馈放大电路的基础。利用瞬时极性法，可判断反馈极性和类型。放大电路引入负反馈后，会改善放大电路的性能

习　　题

3-1　集成运算放大器实质上是一种（　　）。

　　A．高增益的直接耦合电压放大器

　　B．高增益的阻容耦合电压放大器

　　C．高增益的直接耦合电流放大器

3-2　当集成运放工作在线性放大状态时，可运用（　　）两个重要概念。

　　A．虚短和虚断　　　　　B．虚短和虚地　　　　C．开环和闭环

3-3　运算电路中的集成运放通常工作在（　　）。

　　A．开环状态　　　　　B．深度负反馈状态　　　C．正反馈状态

3-4　在图 3-34 所示电路中，若运算放大器的电源电压为±15V，则输出电压 u_O 最接近于（　　）。

　　A．20V　　　　　　　B．–20V　　　　　　　C．13V

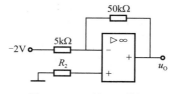

图 3-34　习题 3-4 的图

3-5　为实现 $u_O = -(u_{I1} + u_{I2})$ 的运算，应采用（　　）运算电路。

　　A．反相比例　　　　　B．减法　　　　　　　C．加法

3-6 对于放大电路，所谓开环是指（   ）。

　　A．无信号源　　　　　　B．无反馈通路　　　　C．无负载

3-7 对于放大电路，所谓闭环是指（   ）。

　　A．考虑信号源内阻　　　B．存在反馈通路　　　C．接入负载

3-8 在输入量不变的情况下，若引入反馈后（   ），则说明引入的反馈是负反馈。

　　A．输出量增大　　　　　B．净输入量增大　　　C．净输入量减小

3-9 直流负反馈能够（   ）。

　　A．稳定静态工作点　　　B．改善电路性能　　　C．增大输出信号

3-10 放大电路中广泛采用负反馈的原因是（   ）。

　　A．提高电路的放大倍数

　　B．改善放大电路的性能

　　C．提高电路的传送效率

3-11 某测量放大电路，要求输入电阻高，输出电流稳定，应引入（   ）。

　　A．并联电流负反馈　　　B．串联电流负反馈　　C．串联电压负反馈

3-12 希望提高放大器的输入电阻和带负载能力，应引入（   ）。

　　A．并联电压负反馈　　　B．串联电压负反馈　　C．串联电流负反馈

3-13 在图 3-35 所示电路中，若 u_I 为正弦电压，则 u_O 为（   ）。

　　A．与 u_I 同相的正弦电压

　　B．与 u_I 反相的正弦电压

　　C．矩形波电压

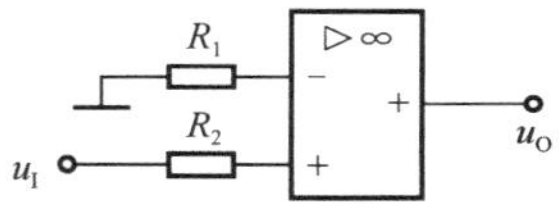

图 3-35　习题 3-13 的图

3-14 电路如图 3-36（a）所示，输入电压 u_I 的波形如图 3-36（b）所示，则指示灯 HL 的亮暗情况为（   ）。

　　A．亮 1s，暗 2s　　　　B．暗 1s，亮 2s　　　　C．亮 3s，暗 1s

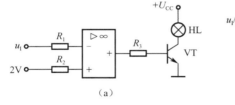

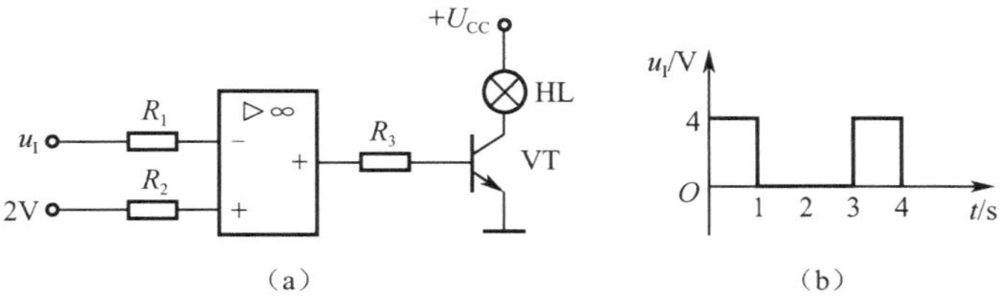

（a）　　　　　　　　　　　　　　　　（b）

图 3-36　习题 3-14 的图

3-15 如图 3-37 所示的 RC 正弦波振荡电路中，在维持等幅振荡时，若 $R_F = 200\text{k}\Omega$，则 R_1 为（   ）。

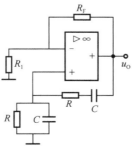

图 3-37　习题 3-15 的图

A. 100kΩ   B. 200kΩ   C. 50kΩ

3-16 已知 CF741 型运算放大器的电源电压为 ±15V，开环电压放大倍数为 2×10^5，最大输出电压为 ±14V。求下列 3 种情况下运算放大器的输出电压：（1）$u_+ = 15\mu V$，$u_- = 5\mu V$；（2）$u_+ = -10\mu V$，$u_- = 20\mu V$；（3）$u_+ = 0$，$u_- = 2mV$。

3-17 在图 3-5 所示的反相比例运算电路中，设 $R_1 = 10k\Omega$，$R_F = 500k\Omega$。试求闭环电压放大倍数 A_{uf} 和平衡电阻 R_2。若 $u_I = 10mV$，则 u_O 为多少？

3-18 为了获得较高的电压放大倍数，而又可避免采用高值电阻 R_F，将反相比例运算电路改为图 3-38 所示的电路，并设 $R_F \gg R_4$，试证：$A_{uf} = \dfrac{u_O}{u_I} = -\dfrac{R_F}{R_1}\left(1 + \dfrac{R_3}{R_4}\right)$。

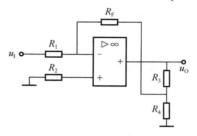

图 3-38 习题 3-18 的图

3-19 图 3-39 所示为一恒流源电路，求输出电流 i_O 与输入电压 U_S 的关系，并说明改变负载电阻 R_L 对 i_O 有无影响。

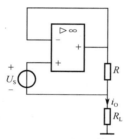

图 3-39 习题 3-19 的图

3-20 如图 3-40 所示电路是由集成运放和普通电压表构成的线性刻度欧姆表，被测电阻 R_X 作反馈电阻，电压表量程为 2V。（1）试证明 R_X 与 u_O 成正比；（2）当 R_X 的测量范围为 0～10kΩ 时，求电阻 R 的阻值。

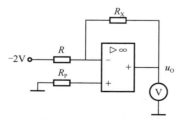

图 3-40 习题 3-20 的图

3-21 电路如图 3-41 所示，试求：（1）u_O 的表达式；（2）符合什么条件时，$u_O = u_{I1} + u_{I2}$；（3）符合什么条件时，$u_O = 2(u_{I1} + u_{I2})$；（4）符合什么条件时，$u_O = n(u_{I1} + u_{I2})$。

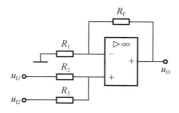

图 3-41　习题 3-21 的图

3-22　电路如图 3-42 所示，已知 $u_{I1}=1V$，$u_{I2}=2V$，$u_{I3}=3V$，$u_{I4}=4V$，$R_1=R_2=2k\Omega$，$R_3=R_4=R_F=1k\Omega$，试计算输出电压 u_O。

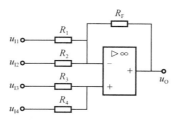

图 3-42　习题 3-22 的图

3-23　求图 3-43 所示电路中的 u_O。

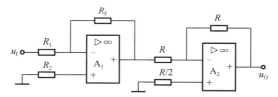

图 3-43　习题 3-23 的图

3-24　求图 3-44 所示电路中的 u_O。

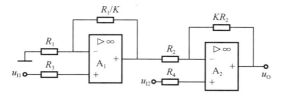

图 3-44　习题 3-24 的图

3-25　求图 3-45 所示电路中的 u_O。

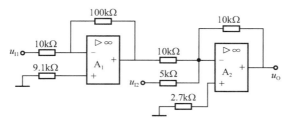

图 3-45　习题 3-25 的图

3-26　求图 3-46 所示电路中的 u_O。

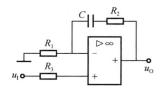

图 3-46　习题 3-26 的图

3-27　图 3-47 所示电路是广泛应用于自动调节系统中的比例-积分-微分电路。试求该电路 u_O 与 u_I 的关系式。

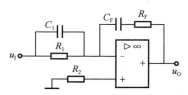

图 3-47　习题 3-27 的图

3-28　有一负反馈放大器，其开环放大倍数 $A = 100$，反馈系数 $F = 1/10$，试求反馈深度和闭环放大倍数。若开环放大倍数 A 发生±20%的变化，则闭环放大倍数 A_f 的相对变化量是多少？

3-29　指出图 3-48 所示各电路的反馈环节，并判断其反馈类型。

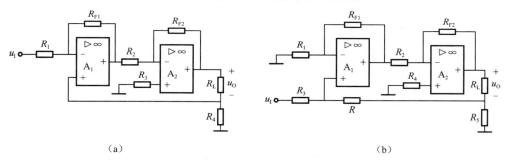

（a）　　　　　　　　　　　　　　　　　　　（b）

图 3-48　习题 3-29 的图

3-30　在图 3-49 所示电路中，运算放大器的最大输出电压为±12V，稳压管的 $U_S = 6V$，其正向压降 $U_D = 0.7V$，$u_I = 12\sin\omega t\,V$。在参考电压 $U_R = 3V$ 和-3V 两种情况下，试画出输出电压 u_O 的波形。

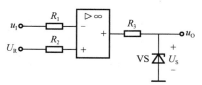

图 3-49　习题 3-30 的图

第4章 直流稳压电源

各种电子设备、电子仪器通常都使用直流电源供电，一些工农业生产设备也需要直流电源，如电解、电镀、直流电动机、自动控制装置等。获得直流电源的方法很多，如干电池、蓄电池、直流发电机等，而目前广泛采用的是利用交流电源变换而成的半导体直流稳压电源。

4.1 直流稳压电源的组成

一般直流稳压电源的组成如图 4-1 所示，它由 4 部分构成，各部分的作用如下。

（1）整流变压器：将交流电源电压变换为符合整流需要的电压，并实现电路的隔离。

（2）整流电路：将交流电压变换为单向的脉动直流电压，使用具有单向导电特性的半导体二极管或晶闸管作整流元件。

（3）滤波电路：将脉动程度较大的整流电压中的交流成分减少或滤掉，变为平滑直流电压，由电容、电感等储能元件组成。

（4）稳压电路：使直流电压在电网电压或负载发生变化时保持基本不变，输出稳定的直流电压。

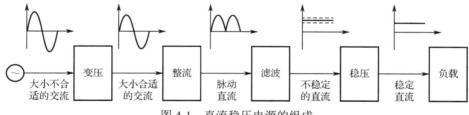

图 4-1 直流稳压电源的组成

练习与思考

直流稳压电源由哪几部分组成？各部分的作用是什么？

4.2 整流电路

整流电路可分为三相整流和单相整流。在小功率整流电路中（1kW 以下），一般采用单相整流。常见的单相整流电路有半波整流、全波整流和桥式整流等几种形式。下面主要介绍二极管半波整流和桥式整流电路，并对以晶闸管作整流元件的可控整流电路进行简单介绍。

4.2.1 单相半波整流电路

1. 电路

图 4-2（a）所示是单相半波整流电路。它是最简单的整流电路，由整流变压器 Tr、整流

元件（二极管）VD 及负载电阻 R_L 组成。

为了简化分析，整流电路中的二极管均认为是理想二极管，并忽略变压器绕组的内阻。

2．工作原理

设整流变压器二次侧的电压为 $u_2 = \sqrt{2}U_2 \sin\omega t$，其波形如图 4-2（b）所示。

在变压器二次侧电压 u_2 的正半周，其实际极性为上正下负，二极管因承受正向电压而导通，故电路中有电流 i_O 通过，负载电阻 R_L 上的电压 $u_O = u_2$；在 u_2 的负半周，其实际极性为上负下正，二极管因承受反向电压而截止，故电路中没有电流，负载电阻 R_L 上的电压也为零。由此可见，在负载电阻 R_L 上得到的是半波整流电压 u_O，波形如图 4-2（b）所示。

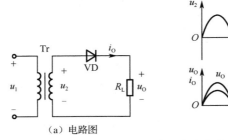

（a）电路图　　　　　　　　（b）电压与电流波形

图 4-2　单相半波整流电路

3．参数计算

整流输出电压虽然是单方向的，但其大小是变化的，称为单向脉动电压，常用一个周期的平均值来说明它的大小。单相半波整流输出电压的平均值为

$$U_O = \frac{1}{2\pi}\int_0^\pi \sqrt{2}U_2 \sin\omega t \, \mathrm{d}(\omega t) = \frac{\sqrt{2}}{\pi}U_2 = 0.45U_2 \tag{4-1}$$

整流输出电流的平均值为

$$I_O = \frac{U_O}{R_L} = 0.45\frac{U_2}{R_L} \tag{4-2}$$

显然，流过二极管的平均电流为

$$I_D = I_O \tag{4-3}$$

二极管不导通时承受的最高反向电压 U_{DRM} 就是变压器二次侧电压 u_2 的最大值，即

$$U_{DRM} = \sqrt{2}U_2 \tag{4-4}$$

根据 I_D 和 U_{DRM} 的大小可以选择合适的二极管，一般要求：

$$I_{FM} \geqslant I_D, \quad U_{RM} \geqslant U_{DRM}$$

4．电路特点及应用

单相半波整流电路的优点是电路简单，元件少；缺点是交流电压中只有半个周期得到利用，输出直流电压 U_O 低，且脉动大，所以常用于小电流、脉动要求不严格的场合。

例 4.2.1　在图 4-2（a）所示的单相半波整流电路中，已知 $u_2 = 20\sqrt{2}\sin\omega t \mathrm{V}$，$R_L = 2\mathrm{k}\Omega$。试求 U_O、I_O、I_D、U_{DRM}，并选用二极管。

解：$U_O = 0.45U_2 = 0.45 \times 20\mathrm{V} = 9\mathrm{V}$

$$I_D = I_O = \frac{U_O}{R_L} = \frac{9}{2}\text{mA} = 4.5\text{mA}$$

$$U_{DRM} = \sqrt{2}U_2 = 20\sqrt{2}\text{V} = 28.28\text{V}$$

查半导体器件手册，二极管可选 2CZ52B（$U_{RM} = 50\text{V}$，$I_{FM} = 100\text{mA}$）。

4.2.2 单相桥式整流电路

1. 电路

用 4 只二极管接成电桥的形式可构成单相桥式整流电路，如图 4-3（a）所示。

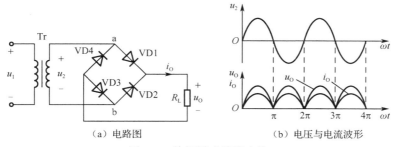

（a）电路图　　　　　　（b）电压与电流波形

图 4-3　单相桥式整流电路

2. 工作原理

设整流变压器二次侧的电压为 $u_2 = \sqrt{2}U_2 \sin \omega t$，其波形如图 4-3（b）所示。

在变压器二次侧电压 u_2 的正半周，其实际极性为上正下负，即 a 点的电位高于 b 点，使二极管 VD1 和 VD3 因承受正向电压而导通，VD2 和 VD4 因承受反向电压而截止，故电路中电流的路径是 a→VD1→R_L→VD3→b，负载电阻 R_L 上得到一个半波电压 $u_O = u_2$；在 u_2 的负半周，其实际极性为上负下正，即 b 点的电位高于 a 点，使二极管 VD2 和 VD4 因承受正向电压而导通，VD1 和 VD3 因承受反向电压而截止，故电路中电流的路径是 b→VD2→R_L→VD4→a，负载电阻 R_L 上再得到一个半波电压 $u_O = -u_2$。由此可见，在负载电阻 R_L 上得到的是全波整流电压 u_O，其波形如图 4-3（b）所示。

3. 参数计算

因为桥式整流输出电压的波形是全波，所以其整流输出电压的平均值比半波整流时增加了 1 倍，即

$$U_O = \frac{2}{2\pi}\int_0^\pi \sqrt{2}U_2 \sin \omega t\, d(\omega t) = 2 \times 0.45U_2 = 0.9U_2 \tag{4-5}$$

整流输出电流的平均值为

$$I_O = \frac{U_O}{R_L} = 0.9\frac{U_2}{R_L} \tag{4-6}$$

因每 2 个二极管串联导电半周，所以流过每个二极管的平均电流为

$$I_D = \frac{1}{2}I_O \tag{4-7}$$

如果忽略二极管的正向压降，当二极管 VD1 和 VD3 导通时，VD2 和 VD4 的阳极电位

等于 b 点电位，阴极电位等于 a 点电位，故二极管截止时承受的最高反向电压 U_{DRM} 是变压器二次侧电压 u_2 的最大值，即

$$U_{DRM} = \sqrt{2}U_2 \qquad\qquad (4\text{-}8)$$

根据 I_D 和 U_{DRM} 的大小选择二极管的要求与半波整流的相同，即

$$I_{FM} \geqslant I_D, \quad U_{RM} \geqslant U_{DRM}$$

4．电路特点及应用

单相桥式整流电路的优点是输出电压高、脉动小，同时因变压器在正负半周内都有电流供给负载，变压器得到充分利用，效率较高，因此得到了广泛应用。电路的缺点是整流元件多，故一般用于中、小功率的整流电路。由于单相桥式整流电路应用普遍，现已生产出集成整流桥块，可选择使用。

单相桥式整流电路需用 4 个二极管，在安装及使用过程中容易出现问题，常见的有以下几种。

（1）一个二极管接反。若图 4-3（a）中 VD1 接反，则在交流电压的负半周时电源短路，将烧断电路中的熔断器。

（2）一个二极管短路。若图 4-3（a）中 VD1 短路，则在交流电压的负半周时电源短路，将烧断电路中的熔断器。

（3）一个二极管断路。若图 4-3（a）中 VD1 断路，则在交流电压的正半周时 VD1、VD3 不再导通，在负半周时 VD2、VD4 可以导通，电路将变为单相半波整流电路。

例 4.2.2 在图 4-3（a）所示的单相桥式整流电路中，已知交流电源电压为 380V，负载电阻 $R_L = 80\Omega$，负载电压 $U_O = 110V$。如何选用二极管？如何选用整流变压器（电压比及容量）？

解： $I_O = \dfrac{U_O}{R_L} = \dfrac{110}{80} A = 1.4A$

流过每个二极管的平均电流为 $I_D = \dfrac{1}{2}I_O = 0.7A$；

变压器二次侧电压的有效值为 $U_2 = \dfrac{U_O}{0.9} = \dfrac{110}{0.9} V = 122V$；

考虑到变压器二次绕组及二极管的电压降，变压器二次侧电压大约要高出 10%，即 $122\times1.1=134V$，所以 $U_{DRM} = \sqrt{2}U_2 = 134\sqrt{2}V = 189V$。

查半导体器件手册，选 2CZ55E 二极管（$U_{RM} = 300V$，$I_{FM} = 1A$）4 个。

变压器的电压比为 $K = \dfrac{U_1}{U_2} = \dfrac{380}{134} = 2.8$；

变压器二次侧电流的有效值为 $I_2 = \sqrt{\dfrac{2}{2\pi}\int_0^\pi (I_m \sin\omega t)^2 \mathrm{d}(\omega t)} = \dfrac{I_m}{\sqrt{2}}$；

而 $I_O = \dfrac{2}{2\pi}\int_0^\pi I_m \sin\omega t \mathrm{d}(\omega t) = \dfrac{2I_m}{\pi}$，

故 $I_2 = \dfrac{\pi}{2\sqrt{2}}I_O = 1.11I_O = 1.11\times1.4A = 1.55A$；

变压器的容量为 $S = U_2 I_2 = 134\times1.55V\cdot A = 208V\cdot A$；

因此，可选额定容量为 300V·A，额定电压为 380/134V 的变压器。

在工程实践中，单相桥式整流电路常采用图 4-4（a）所示的另一种画法，或采用图 4-4b 所示的简化画法。

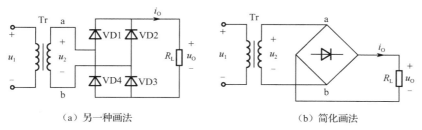

（a）另一种画法 （b）简化画法

图 4-4　单相桥式整流电路的画法

练习与思考

4.2.1　整流二极管的反向电阻不够大，且正向电阻不够小时，对整流效果有何影响？

4.2.2　在图 4-3（a）所示的单相桥式整流电路中，如果（1）VD1 接反，（2）VD1 短路，（3）VD1 断路，则上述三种情况下的后果如何？（4）若将 4 个二极管都接反，结果又将如何？

4.3　滤波电路

交流电压经整流电路整流后输出的是脉动直流，其中既有直流成分又有交流成分。滤波电路利用储能元件电容两端电压（或通过电感中的电流）不能突变的特性，降低整流输出电压中的交流成分，尽量保留其直流成分，使输出的直流电压尽可能大，达到平滑输出电压的目的。

4.3.1　电容滤波电路

电容滤波电路是最简单的滤波器，它是在整流电路的负载两端并联一个电容器。为达到一定的滤波效果，要选用大容量的极性电容器，如电解电容器、钽电容器等，连接时要注意其极性。图 4-5（a）所示为单相半波整流加电容滤波的电路。

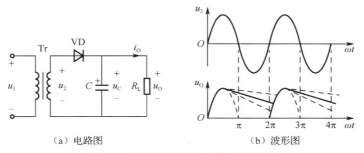

（a）电路图 （b）波形图

图 4-5　单相半波整流电容滤波电路

在 u_2 的正半周，当 u_2 从零开始逐渐增大时，二极管 VD 导通，一方面供电给负载，同时给电容 C 充电，电容电压 u_C 极性为上正下负。若忽略二极管的管压降，则 $u_C = u_O = u_2$。当 u_2 达到最大值后，u_2 开始按正弦规律快速下降，u_C 因不能突变而逐渐下降。当 $u_2 < u_C$ 时，二极

管承受反向电压而截止，电容器通过负载放电。由于 R_L 较大，故放电时间常数 R_LC 较大，放电过程一直持续到下一个 u_2 正半周。当 $u_2 > u_C$ 时，二极管又导通，电容器再次被充电，重复上述过程。因此得到图 4-5（b）所示的波形图。

单相桥式整流加电容滤波电路的原理与半波时的相似，其电路图和波形图如图 4-6 所示。

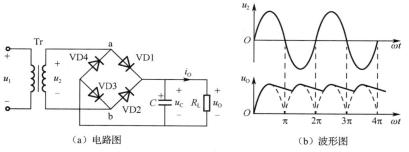

（a）电路图　　　　　　　　　　（b）波形图

图 4-6　单相桥式整流电容滤波电路

显然，采用电容滤波后，输出电压的脉动程度减小了，直流成分提高了，且放电时间常数 R_LC 越大，放电越慢，输出电压越大。一般要求：

$$R_LC \geqslant (3\sim5)\frac{T}{2} \tag{4-9}$$

式中，T 为输入交流电压的周期。

输出电压的平均值取：

$$U_O = U_2 \qquad （半波） \tag{4-10}$$
$$U_O = 1.2U_2 \qquad （全波） \tag{4-11}$$

若负载电阻 R_L 断路，则输出电压的平均值为 $U_O = \sqrt{2}U_2$。

因加电容后，输出电压和输出电流都将增大，而二极管的导通时间变短，所以二极管在短暂的导通时间内会有一个较大的冲击电流（称为浪涌电流）。故选用二极管时要求：

$$I_{FM} \geqslant 2I_D, \quad U_{RM} \geqslant U_{DRM}$$

电容滤波器一般用于要求输出电压较高、负载电流较小且变化也较小的场合。

例 4.3.1　有一单相桥式整流电容滤波电路，如图 4-6（a）所示。已知电源频率 $f = 50\text{Hz}$，负载电阻 $R_L = 100\Omega$，输出直流电压 $U_O = 30\text{V}$。试选择整流二极管及滤波电容，并分别求负载电阻 R_L 断路、电容断路时的输出电压 U_O。

解： 取 $U_O = 1.2U_2$，则

$$U_2 = \frac{U_O}{1.2} = \frac{30}{1.2}\text{V} = 25\text{V}$$

$$I_D = \frac{1}{2}I_O = \frac{1}{2}\frac{U_O}{R_L} = \frac{1}{2} \times \frac{30}{100}\text{A} = 0.15\text{A}$$

$$U_{DRM} = \sqrt{2}U_2 = 25\sqrt{2}\text{V} = 35\text{V}$$

根据 $I_{FM} \geqslant 2I_D$，$U_{RM} \geqslant U_{DRM}$，查半导体器件手册，选用 2CZ53B 二极管（$I_{FM} = 300\text{mA}$，$U_{RM} = 50\text{V}$）4 个。

$$C \geqslant (3\sim5)\frac{T}{2R_L} = (3\sim5)\frac{1}{2R_Lf} = \frac{3\sim5}{2 \times 100 \times 50}\text{F} = (300\sim500)\mu\text{F}$$

故选用 $470\mu\text{F}$，耐压 50V 的电解电容器。

负载电阻 R_L 断路时，$U_O = \sqrt{2}U_2 = 25\sqrt{2}\text{V} = 35\text{V}$；

电容断路时，电路成为单相桥式整流电路，故 $U_O = 0.9U_2 = 0.9 \times 25\text{V} = 22.5\text{V}$。

4.3.2　电感电容滤波电路

为了进一步减小输出电压的脉动程度，在滤波电容器之前再连接一个铁心电感线圈 L，就组成了电感电容滤波电路（LC 滤波器），如图 4-7 所示。

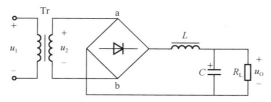

图 4-7　电感电容滤波电路

当通过电感线圈的电流发生变化时，线圈中会产生自感电动势阻碍电流的变化，使负载电流和负载电压的脉动大为减小。对直流分量，$X_L = 0$，L 相当于短路，电压降大部分发生在负载上；对交流分量，频率越高，X_L 越大，电压降大部分发生在 L 上。因此在负载上得到比较平滑的直流电压。电感越大，滤波效果越好。但电感线圈的电感较大时，匝数较多，电阻也较大，因而其上也有一定的直流电压降，从而使输出电压下降。

具有 LC 滤波器的整流电路适用于电流较大、要求输出电压脉动很小的场合，更适合高频电路。在电流较大、负载变动较大，并对输出电压脉动程度要求不太高的场合（如晶闸管电源），也可以将电容器除去，而采用电感滤波器（L 滤波器）。

4.3.3　π 形滤波电路

如果要求输出电压的脉动更小，可在 LC 滤波器的前面再并联一个滤波电容，便构成了 π 形 LC 滤波器，如图 4-8（a）所示。

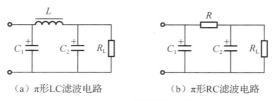

（a）π形LC滤波电路　　　　　（b）π形RC滤波电路

图 4-8　π 形滤波电路

由于电感线圈的体积大、成本高，所以有时候用电阻代替电感线圈，就构成了 π 形 RC 滤波器，如图 4-8（b）所示。因电容 C_2 的交流阻抗非常小，脉动电压的交流成分较多地降在电阻两端，而较少地降在负载上，从而起到了滤波作用。R 越大，C_2 越大，滤波效果越好。但 R 太大，将使其直流电压降增加，所以这种滤波电路主要适用于负载电流较小而又要求输出电压脉动很小的场合。

练习与思考

4.3.1　电容滤波方式有哪些优点和缺点？半波整流后，带电容滤波和不带电容滤波对于选择二极管有何不同要求？

4.3.2 在图 4-6（a）所示电路中，$U_2 = 20V$，现在用直流电压表测量负载电阻 R_L 两端电压 U_O 时出现了下列几种情况。试分析哪些是合理的？哪些发生了故障，并指明原因。
（1）$U_O = 28V$；（2）$U_O = 18V$；（3）$U_O = 24V$；（4）$U_O = 9V$。

4.4 稳压电路

经整流和滤波后的电压往往会随交流电源电压的波动和负载的变化而变化。稳压电路就是用来在交流电源电压波动和负载变化时稳定直流输出电压的。理想的稳压器是输出阻抗为零的恒压源，但实际上它是内阻很小的电压源。其内阻越小，稳压性能越好。稳压电路可以是整个电子系统的一个组成部分，也可以是一个独立的电子器件。

4.4.1 并联型稳压电路

并联型稳压电路是最简单的稳压电路，如图 4-9 所示，由限流电阻 R 和稳压二极管 VS 构成，故又称为稳压管稳压电路。其主要用于对稳压要求不高的场合，有时也作为基准电压源。

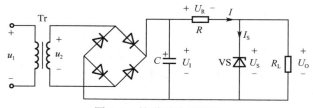

图 4-9 并联型稳压电路

电压不稳定的原因是交流电源电压的波动和负载电流的变化，下面分析该电路在两种情况下的稳压过程。

（1）电网电压波动。假设电网电压升高，引起整流滤波输出电压 U_I 增大，输出电压 U_O（也是稳压管两端的反向电压 U_S）也将随之增大。根据稳压二极管的伏安特性曲线可知，稳压管的电流 I_S 随之显著增大。因此电阻 R 上的电流 I 增大，电压降（$U_R = RI$）也增大，以抵偿 U_I 的增大，从而使负载电压 U_O 基本保持不变。电网电压降低时的稳压过程相反。

（2）负载电流变化。假设因负载变化而引起负载电流增大，导致 R 上的电压降增大，因而负载电压 U_O 下降。稳压管的电流 I_S 随之显著减小，抵偿了负载电流的增大，从而使负载电压 U_O 基本保持不变。负载电流减小时的稳压过程相反。

由此可以看出，因稳压二极管和负载并联，它总会限制 U_O 的变化，所以能稳定输出直流电压。

选择稳压二极管时，一般取 $U_S = U_O$，$I_{SM} = (1.5\sim3)I_{OM}$，$U_I = (2\sim3)U_O$。

例 4.4.1 有一稳压管稳压电路，如图 4-9 所示。负载电阻 R_L 由开路变为 3kΩ，交流电压经整流滤波后得出 $U_I = 45V$。今要求输出直流电压 $U_O = 15V$。试选择稳压二极管 VS。

解： 由已知条件，$U_S = U_O = 15V$；

负载电流的最大值 $I_{OM} = \dfrac{U_O}{R_L} = \dfrac{15}{3}mA = 5mA$；

则 $I_{SM} = 3I_{OM} = 15mA$；

查半导体器件手册，选择 2CW20 稳压管（$U_S = (13.5 \sim 17)\text{V}$，$I_{SM} = 15\text{mA}$）。

4.4.2 串联型稳压电路

并联型稳压电路虽然简单，但有输出电流小（稳压管最大稳定电流的限制）、输出电压不能调节的缺点。为弥补此不足，可采用以晶体管作为调整元件并与负载串联的稳压电路。

串联型稳压电路如图 4-10 所示，由采样电路、基准电压电路、比较放大电路、调整电路等组成。

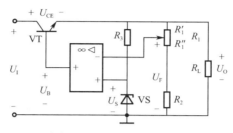

图 4-10 串联型稳压电路

采样电路由电位器 R_1 和电阻 R_2 组成的分压电路构成，将输出电压 U_O 的一部分作为采样电压 U_F，送至运算放大器的反相输入端。故有

$$U_- = U_F = \frac{R_1'' + R_2}{R_1 + R_2} U_O \tag{4-12}$$

由稳压二极管 VS 和限流电阻 R_3 组成稳压电路，提供基准电压 U_S，送至运算放大器的同相输入端。运算放大器将 U_S 和 U_F 进行比较，并将它们的差值放大后送至晶体管（称为调整管）VT 的基极，$U_B = A_{uo}(U_S - U_F)$。

晶体管 VT 工作在线性放大区，改变基极电压 U_B，可改变其集电极电流 I_C 和管压降 U_{CE}，从而达到自动调整、稳定输出电压 U_O 的目的。

假设由于电源电压波动或负载的变化而使输出电压 U_O 升高，则 U_F 升高，U_B 下降，从而使集电极电流 I_C 减小，管压降 U_{CE} 增大，抵偿了 U_O 的升高，使 U_O 基本保持不变。输出电压 U_O 降低时的稳压过程相反。

此自动调节过程实质上是以 U_F 作为反馈电压的串联电压负反馈过程。

根据运算放大器虚短的特性，$U_- = U_+ = U_S$，将其代入式（4-12），整理得

$$U_O = \left(1 + \frac{R_1'}{R_1'' + R_2}\right) U_S \tag{4-13}$$

故改变电位器 R_1 的滑动端位置，就可以调节输出电压 U_O 的大小。

4.4.3 集成稳压电源

最简单的集成稳压电源只有 3 个引出端，称之为三端集成稳压器。其工作原理与前述的串联型稳压电路基本相同，由采样、基准电压、比较放大和调整等单元组成，芯片内还有过流、过热及短路保护电路。因具有体积小、可靠性高、使用灵活、接线简单、价格低廉等优点，三端集成稳压器得到了广泛应用。

三端集成稳压器分为三端固定式集成稳压器和三端可调集成稳压器，常用的有 CW78××系列（输出固定正电压）、CW79××系列（输出固定负电压）和 CW117/217/317 系列（输

出电压可调）。它们的 3 个引出端分别是输入（I）、输出（O）和地（GND）或调整（ADJ），引脚排列与型号及封装形式有关，表 4-1 是 CW 系列集成稳压器的引脚排列。

表 4-1　CW 系列集成稳压器的引脚排列

系列 ＼ 引脚编号	金属封装			塑料封装		
	1	2	3	1	2	3
CW78××	I	O	GND	I	GND	O
CW79××	GND	O	I	GND	I	O
CW117/217/317	ADJ	I	O	ADJ	O	I

CW78×× 系列输出的固定正电压有 5V、6V、9V、12V、15V、18V 和 24V 七个等级，输出电流有 0.1A、0.5A、1.5A 三个等级，输入和输出电压相差不得小于 2V，一般在 5V 左右。接线图如图 4-11 所示。CW79×× 系列输出固定负电压，其参数与 CW78×× 基本相同。接线图如图 4-12 所示。CW78×× 系列和 CW79×× 系列同时使用，能同时输出正、负电压，电路如图 4-13 所示。

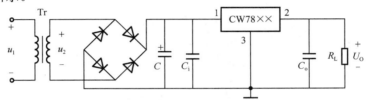

图 4-11　CW78×× 系列（金属封装）接线图

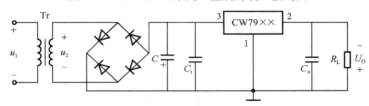

图 4-12　CW79×× 系列（金属封装）接线图

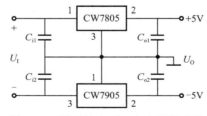

图 4-13　同时输出正、负电压的电路

三端集成稳压器使用时须分别在其输入端、输出端与地端之间各并联一个电容。C_i 一般为 $0.1 \sim 1\mu F$，用以抵消输入端较长接线的电感效应，防止产生自激振荡，接线不长时可不用；C_o 在 $1\mu F$ 左右，是为了消除高频噪声和改善输出的瞬态特性，即在负载电流变化时不致引起输出电压有较大的波动。另外，当输出电流较大时，集成稳压器外部要加散热片。

三端可调集成稳压器的典型应用电路如图 4-14 所示。电阻 R 两端为 1.25V 的基准电压，基准电压由 CW317 产生，R_P 为调节输出电压的电位器，R 一般取 240Ω。

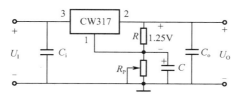

图 4-14　三端可调集成稳压器（塑料封装）的典型电路

该电路的输出电压范围为 1.25～37V。输出电压可用式（4-14）近似计算。

$$U_O = 1.25\left(1+\frac{R_P}{R}\right) \tag{4-14}$$

练习与思考

4.4.1　在图 4-9 所示的稳压管稳压电路中，电阻 R 起什么作用？如果 $R = 0$，电路是否还能正常工作？

4.4.2　CW78××系列和 CW79××系列三端集成稳压器有什么区别？

4.5　晶闸管及可控整流电路*

二极管整流电路在输入交流电压一定时，输出的直流电压是一个固定值，一般不能任意调节。如果在一些要求直流电压能够进行调节，即具有可控整流特点的场合，二极管整流电路就受到了限制，取而代之的是一种电力电子器件——晶闸管。

电力电子器件作为电力电子技术的核心器件，工作电压可达几千伏，工作电流可达上千安。因为通过电力电子器件在控制电路中的导通和关断，可实现对电能的变换和控制，所以诞生了将电子技术与电力技术、控制技术融为一体的电力电子技术。常用的电力电子器件有不控器件（导通和关断均无可控功能，如整流二极管）、半控器件（能控制导通而不能控制关断，如普通晶闸管）和全控器件（导通和关断均可控，如可关断晶闸管、功率晶体管、功率场效应管等）。电力电子器件的发展，推动了电子技术在电力行业领域的应用。目前电力电子技术已广泛应用于直流输电、不间断电源、开关型稳压电源、太阳能发电、风力发电、调速电动机、调光装置以及变频空调等诸多方面。

本节只介绍晶闸管及其单相可控整流电路。

4.5.1　晶闸管

晶闸管是晶体闸流管的简称，原名为可控硅整流器（SCR），简称可控硅。晶闸管的出现，使半导体器件从弱电领域进入了强电领域。晶闸管主要用于整流、逆变、调压、开关 4 个方面，应用最多的是可控整流。

晶闸管的优点很多，但使用时需在其控制极加正向信号进行触发控制。另外，晶闸管的过载能力较差，使用时需要加过压和过流保护电路。

1．基本结构

晶闸管是具有 3 个 PN 结的 4 层结构，如图 4-15（a）所示。引出的 3 个电极分别为阳极 A、阴极 K 和控制极（或称为门极）G，符号如图 4-15（b）所示。图 4-15（c）是一种螺旋式晶闸管的外形，有螺旋的是阳极引出端，可利用它连接散热片；另一端有两根引出线，其中较粗的一根是阴极引线，细的是控制极引线。

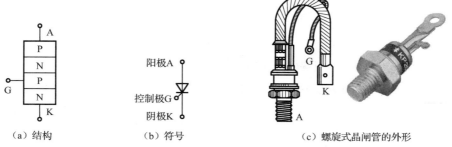

（a）结构　　　　（b）符号　　　　（c）螺旋式晶闸管的外形

图 4-15　晶闸管

2．导通和关断条件

晶闸管和二极管一样，具有单向导电性，电流只能从阳极 A 流向阴极 K，但前提是同时满足两个导通条件：一是阳极加正向电压，即 $U_{AK}>0$；二是控制极加正向电压，即 $U_{GK}>0$。因晶闸管一旦导通，控制极便失去控制作用，即 $U_{GK}=0$ 时，只要有 $U_{AK}>0$，晶闸管仍维持导通，所以实际工作中控制极上加的是正向触发脉冲信号。

晶闸管导通后，若让阳极电流减小至 $I_A<I_H$（I_H 是晶闸管的一个参数，称为维持电流，是维持晶闸管导通的最小电流值），或令阳极电压 $U_{AK}\leqslant 0$，方能使晶闸管由导通变为关断。

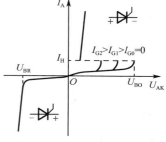

3．伏安特性

晶闸管的伏安特性如图 4-16 所示，它是在不同的控制极电流 I_G 条件下，阳极、阴极间电压 U_{AK} 与阳极电流 I_A 之间的关系特性，决定了晶闸管的导通与关断（截止）。

正向特性（$U_{AK}>0$）分为关断状态和导通状态。当 $I_G=I_{G0}$ = 0，且 $U_{AK}<U_{BO}$ 时，晶闸管处于关断状态，只有很小的正向

图 4-16　晶闸管的伏安特性

漏电流；当 U_{AK} 增大到某一数值时，晶闸管由关断状态突然导通，所对应的电压称为正向转折电压 U_{BO}。I_G 越大，使晶闸管导通所加的阳极电压 U_A 越小。晶闸管导通后，就有较大电流通过，但管压降只有 1V 左右。

反向特性（$U_{AK}<0$）时晶闸管处于关断状态，只有很小的反向漏电流通过。当反向电压增大到某一数值时，晶闸管变为反向导通（击穿），所对应的电压称为反向转折电压 U_{BR}。

4．主要参数

正向重复峰值电压 U_{DRM}：在控制极断路和晶闸管正向关断时，可以重复加在晶闸管两端的正向峰值电压。按规定，此电压比正向转折电压 U_{BO} 低 100V。

反向重复峰值电压 U_{RRM}：在控制极断路时，可以重复加在晶闸管两端的反向峰值电压。按规定，此电压比反向转折电压 $|U_{BR}|$ 低 100V。

通常将正向重复峰值电压 U_{DRM}、反向重复峰值电压 U_{RRM} 中较小的标为晶闸管的额定电压。选晶闸管时，电压选择应取 2～3 倍的安全余量。

正向平均电流 I_F：在环境温度不大于 40℃和标准散热及全导通条件下，晶闸管可连续通

过的工频正弦半波电流在一个周期内的平均值。也是通常所说的晶闸管的额定电流。选晶闸管时，电流选择应取 $2\sim3$ 倍的安全余量。

维持电流 I_H：在规定的环境温度和控制极断路时，维持晶闸管继续导通的最小阳极电流值。当阳极电流小于此值时，晶闸管将自动关断。

4.5.2　单相半波可控整流电路

1. 电路

把不可控的单相半波整流电路［见图 4-2（a）］中的二极管用晶闸管代替，就成为单相半波可控整流电路，如图 4-17（a）所示。该电路中不包括为晶闸管提供触发脉冲的触发电路。触发电路有单结晶体管触发电路、晶体管触发电路、集成触发器等多种形式，详细内容可参阅其他有关书籍。

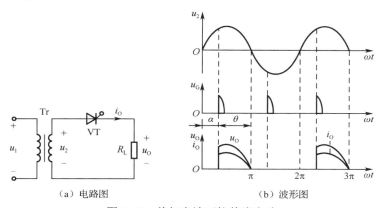

（a）电路图　　　　　　　　（b）波形图

图 4-17　单相半波可控整流电路

2. 工作原理

设变压器二次侧的电压为 $u_2 = \sqrt{2}U_2 \sin\omega t$，其波形如图 4-17（b）所示。

在 u_2 的正半周，晶闸管承受正向电压。假设在某一时刻给控制极加上触发脉冲信号 u_G，晶闸管开始导通，电路中有电流 i_O 通过。若忽略晶闸管的管压降，则负载电阻 R_L 上的电压 $u_O = u_2$。

在 u_2 的负半周，晶闸管承受反向电压而关断，故电路中没有电流，负载电阻 R_L 上的电压为零。

在 u_2 的下一个正半周，再在相应的时刻加入触发脉冲，晶闸管再次导通。在负载电阻 R_L 上就得到了如图 4-17（b）所示的电压和电流波形。

显然，在晶闸管承受正向电压时，改变控制极触发脉冲的输入时刻（称为移相），负载上得到的电压波形会随之改变，从而也就控制了输出电压的大小。

3. 参数计算

晶闸管在正向电压下不导通的范围称为控制角（又称为移相角），用 α 表示；导通范围称为导通角，用 θ 表示。导通角 θ 越大，输出电压越高。

半波可控整流输出电压的平均值为

$$U_O = \frac{1}{2\pi} \int_{\alpha}^{\pi} \sqrt{2} U_2 \sin \omega t \, d(\omega t) = \frac{\sqrt{2}}{2\pi} U_2 (1 + \cos \alpha) = 0.45 U_2 \frac{1 + \cos \alpha}{2} \qquad (4\text{-}15)$$

当 $\alpha = 0$（$\theta = 180°$）时，晶闸管在正半周全导通，输出电压最高，$U_O = 0.45 U_2$，相当于二极管单相半波整流输出电压；当 $\alpha = 180°$（$\theta = 0$）时，晶闸管全关断，输出电压最低，$U_O = 0$。

输出电流的平均值为

$$I_O = \frac{U_O}{R_L} = 0.45 \frac{U_2}{R_L} \frac{1 + \cos \alpha}{2} \qquad (4\text{-}16)$$

流过晶闸管的平均电流为

$$I_T = I_O \qquad (4\text{-}17)$$

晶闸管不导通时承受的最高正向、反向电压均是 u_2 的最大值，即

$$U_{FM} = U_{RM} = \sqrt{2} U_2 \qquad (4\text{-}18)$$

4.5.3 单相半控桥式整流电路

1．电路

将图 4-3（a）所示的单相桥式整流电路中的 2 个二极管用 2 个晶闸管代替，就得到了单相半控桥式整流电路，如图 4-18（a）所示。

2．工作原理

设变压器二次侧的电压为 $u_2 = \sqrt{2} U_2 \sin \omega t$，其波形如图 4-18（b）所示。

在 u_2 的正半周，晶闸管 VT1 和二极管 VD2 承受正向电压。假设在某一时刻晶闸管 VT1 控制极加上触发脉冲信号 u_G，VT1 和 VD2 开始导通，晶闸管 VT2 和二极管 VD1 承受反向电压而截止，电流 i_O 的路径为 a→VT1→R_L→VD2→b。若忽略晶闸管、二极管的管压降，则负载电阻 R_L 上的电压 $u_O = u_2$。

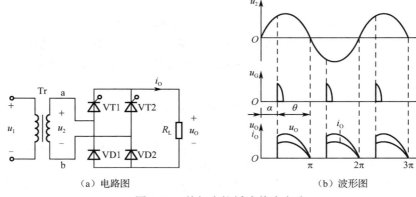

（a）电路图　　　　　　　　（b）波形图

图 4-18　单相半控桥式整流电路

在 u_2 的负半周，晶闸管 VT2 和二极管 VD1 承受正向电压。若在相应时刻给晶闸管 VT2 控制极加上触发脉冲信号 u_G，VT2 和 VD1 开始导通，晶闸管 VT1 和二极管 VD2 承受反向电压而截止，电流 i_O 的路径为 b→VT2→R_L→VD1→a，负载电阻 R_L 上的电压 $u_O = -u_2$。

故在负载电阻 R_L 上就得到了如图 4-18（b）所示的电压及电流波形。

3．参数计算

显然，与单相半波可控整流电路相比，单相半控桥式整流电路输出电压的平均值要大 1 倍，即

$$U_O = \frac{2}{2\pi}\int_\alpha^\pi \sqrt{2}U_2 \sin\omega t\,d(\omega t) = 0.9U_2\frac{1+\cos\alpha}{2} \tag{4-19}$$

整流输出电流的平均值为

$$I_O = \frac{U_O}{R_L} = 0.9\frac{U_2}{R_L}\frac{1+\cos\alpha}{2} \tag{4-20}$$

流过每个晶闸管、二极管的平均电流为

$$I_T = I_D = \frac{1}{2}I_O \tag{4-21}$$

晶闸管不导通时承受的最高正向、反向电压及二极管承受的最高反向电压均是 u_2 的最大值，即

$$U_{FM} = U_{RM} = U_{DRM} = \sqrt{2}U_2 \tag{4-22}$$

例 4.5.1 有一负载电阻需要可调的直流电源：电压 $U_O = 0\sim180V$，电流 $I_O = 0\sim6A$。现采用单相半控桥式整流电路［见图 4-18（a）］，试求交流电压 u_2 的有效值，并选择整流器件。

解：由已知条件可知，当晶闸管控制角 $\alpha = 0$ 时，$U_O = 180V$，$I_O = 6A$。

$$U_2 = \frac{U_O}{0.9} = \frac{180}{0.9}V = 200V$$

考虑到电网电压波动及晶闸管、二极管的电压降，适当加大 10% 左右，故可以不用整流变压器，直接接到 220V 的交流电源上。

晶闸管所承受的最高正向、反向电压及二极管承受的最高反向电压均为

$$U_{FM} = U_{RM} = U_{DRM} = \sqrt{2}U_2 = 220\sqrt{2}V = 310V$$

流过每个晶闸管、二极管的平均电流为

$$I_T = I_D = \frac{1}{2}I_O = \frac{6}{2}A = 3A$$

为了保证晶闸管在出现瞬时过电压时不致损坏，通常根据下式选取晶闸管的 U_{DRM} 和 U_{RRM}：

$$U_{DRM} \geqslant (2\sim3)U_{FM} = (2\sim3)\times310V = (620\sim930)V$$
$$U_{RRM} \geqslant (2\sim3)U_{RM} = (2\sim3)\times310V = (620\sim930)V$$

查半导体器件手册，晶闸管可选用 KP5-7 型（额定电压 700V，额定电流 5A），二极管选用 2CZ5/300 型（$U_{RM} = 300V$，$I_{FM} = 5A$）。

练习与思考

4.5.1 晶闸管的导通和关断条件是什么？

4.5.2 在图 4-18（a）所示的单相半控桥式整流电路中，变压器二次侧交流电压的有效值为 300V，是否可以选用 400V 的晶闸管？

4.6 Multisim 14 仿真实验 整流与滤波电路

1. 实验内容

单相整流与滤波电路如图 4-19 所示，主要由变压、整流、滤波等电路组成。实验内容为测量以下几种情况下电压 U_O、U_2 的大小及波形：

（1）单相半波整流不加滤波电容；

（2）单相半波整流加滤波电容；

（3）单相桥式整流不加滤波电容；

（4）单相桥式整流加滤波电容；

（5）单相桥式整流加 π 形滤波电路。

通过该实验，熟悉整流、滤波电路的构建和测量方法，验证所学电路的理论知识。

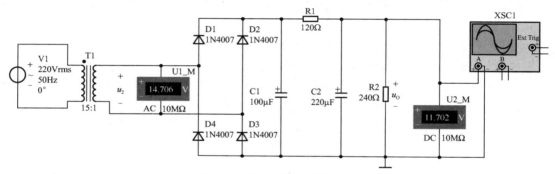

图 4-19 单相整流与滤波电路

2. 实验步骤

（1）构建电路

选取并放置交流电压源 V1（类型为 POWER_SOURCE，AC_POWER），设置其电压有效值为 220V，频率为 50Hz（双击电压源，通过属性 Value 设置）。

选取并放置一个单相变压器 T1（类型为 TRANSFORMER，1P1S），设置其电压比为 15∶1（双击变压器，通过属性 Value/Turns 设置）。

选取并放置 4 个整流二极管 D1～D4（类型为 DIODE，1N4007）。放置电阻 R1 用作 π 形滤波，阻值为 120Ω。放置电阻 R2 作为负载，阻值为 240Ω。放置电解电容器 C1、C2（类型为 CAP_ELECTROLIT）用作滤波电容，电容量分别为 100μF、220μF。

放置交流电压表，改名为 U1_M，用于测量变压器的输出电压有效值 U_2。放置直流电压表，改名为 U2_M，用于测量负载电阻上的输出电压平均值 U_O。

通过菜单 Place/Text，在电路中放置文字标记 u_2、u_O。

放置并设置示波器，用于观测 u_O 的波形。

放置接地符号 GROUND。

（2）运行图 4-19 所示的电路，读取 U_2、U_O 的数值，并用示波器观测 u_O 的波形，填入表 4-2 中"单相桥式整流加 π 形滤波"所对应的行中。

理论上，滤波电容 C1 两端的电压约为 $U_{C1} \approx 1.2U_2 = 1.2 \times 14.71\text{V} = 17.65\text{V}$。

R1 与 R2 分压 U_{C1}，得到 U_O 的计算值，将其填入表 4-2 中。

$$U_O = \frac{R_2}{R_1 + R_2} U_{C1} = \frac{240}{120 + 240} \times 17.65\text{V} = 11.77\text{V} \tag{4-23}$$

（3）将图 4-19 所示电路中的 R1、C2 去掉（将 R1 短路、C2 断开），电路成为单相桥式整流加电容滤波电路，读取 U_2、U_O 的数值，并用示波器观测 u_O 的波形，填入表 4-2 中。

U_O 的计算值为 $U_O \approx 1.2\ U_2 = 1.2 \times 14.73\text{V} = 17.68\text{V}$，将其填入表 4-2 中。

（4）将图 4-19 所示电路中的 R1、C1、C2 去掉（将 R1 短路、C1 断开、C2 断开），电路成为单相桥式整流不加电容滤波的电路，读取 U_2、U_O 的数值，并用示波器观测 u_O 的波形，填入表 4-2 中。

U_O 的计算值为 $U_O \approx 0.9\ U_2 = 0.9 \times 14.62\text{V} = 13.16\text{V}$，将其填入表 4-2 中。

（5）将图 4-19 所示电路中的 R1、C2、D1 去掉（将 R1 短路、C2 断开、D1 断开），电路成为单相半波整流加电容滤波电路，读取 U_2、U_O 的数值，并用示波器观测 u_O 的波形，填入表 4-2 中。

U_O 的计算值为 $U_O \approx 1.0\ U_2 = 1.0 \times 14.73\text{V} = 14.73\text{V}$，将其填入表 4-2 中。

（6）将图 4-19 所示电路中的 R1、C1、C2、D1 去掉（将 R1 短路、C1 断开、C2 断开、D1 断开），电路成为单相半波整流不加电容滤波的电路，读取 U_2、U_O 的数值，并用示波器观测 u_O 的波形，填入表 4-2 中。

理论上，电路中 U_O 与 U_2 的关系为 $U_O \approx 0.45\ U_2$。

U_O 的计算值为 $U_O \approx 0.45\ U_2 = 0.45 \times 14.64\text{V} = 6.59\text{V}$，将其填入表 4-2 中。

通过实验，验证了单相整流与滤波电路的测量结果与所学电路的理论知识相符合。U_O 的测量值比计算值稍微小一些，是由于电路中二极管、变压器上有一定的电压降。

表 4-2　单相整流与滤波电路实验结果

电路形式	U_2 (V)	U_O (V)	计算值 U_O (V)	u_O 的波形
单相半波整流不加电容滤波	14.64	5.89	6.59	
单相半波整流加电容滤波	14.73	14.37	14.73	
单相桥式整流不加电容滤波	14.62	11.73	13.16	
单相桥式整流加电容滤波	14.73	17.10	17.68	
单相桥式整流加 π 形滤波	14.71	11.71	11.77	

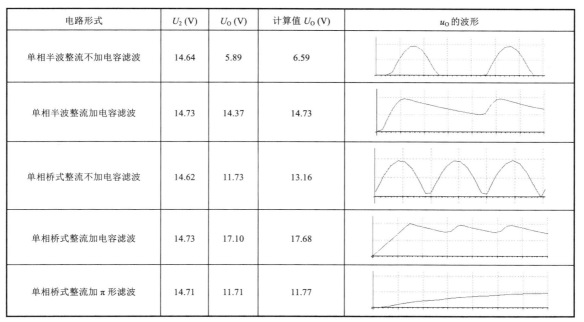

上面的实验步骤是按照先构建完整的实验电路，然后逐渐减少电路元件的方式来完成各项实验内容。也可以先构建简单的实验电路，再逐渐增加电路元件，完成各项实验内容。

练习与思考

将图 4-19 所示电路中的 R1、C2 去掉（将 R1 短路、C2 断开），接入三端集成稳压器（型号为 POWER/VOLTAGE_REGULATOR/LM7812CT，参考图 4-11 的接线），测量稳压器的输出电压。

本 章 小 结

1．直流稳压电源由整流变压器、整流电路、滤波电路和稳压电路组成。

2．在整流电路中，利用二极管的单向导电性将交流电转变为脉动直流电；晶闸管可控整流可以调节整流输出电压的大小。

3．用电容、电感作滤波元件，减小脉动直流电中的交流成分，使之变为平滑的直流电。

4．稳压电路消除电网电压波动和负载变化对输出电压的影响，从而输出稳定的直流电压。

习　　题

4-1　在图 4-2（a）所示的单相半波整流电路中，$u_2 = 141\sin\omega t$V，则整流电压平均值 U_O 为（　　）。

　　A．63.45V　　　　　　B．45V　　　　　　　C．90V

4-2　在上题中，二极管承受的最高反向电压 U_{DRM} 为（　　）。

　　A．200V　　　　　　 B．100V　　　　　　 C．141V

4-3　在图 4-3（a）所示的单相桥式整流电路中，$u_2 = 141\sin\omega t$V，则整流电压平均值 U_O 为（　　）。若有一个二极管断开，则整流电压平均值 U_O 为（　　）。

　　A．63.45V　　　　　　B．45V　　　　　　　C．90V

4-4　在图 4-6（a）所示的单相桥式整流电容滤波电路中，$u_2 = 141\sin\omega t$V，则整流电压平均值 U_O 为（　　）；若有一个二极管断开，则整流电压平均值 U_O 为（　　）；若输出端开路，则整流电压平均值 U_O 为（　　）。

　　A．100V　　　　　　 B．120V　　　　　　 C．141V

4-5　在图 4-20 所示的稳压电路中，已知 $U_I = 10$V，$U_O = 5$V，$I_S = 10$mA，$R_L = 500\Omega$，则限流电阻 R 应为（　　）。

　　A．1000Ω　　　　　　B．500Ω　　　　　　 C．250Ω

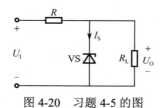

图 4-20　习题 4-5 的图

4-6 在图 4-21 所示的稳压电路中，已知 $U_S = 6V$，则 U_O 为（ ）。

  A. 6V   B. 15V   C. 21V

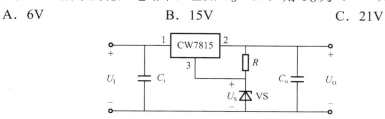

图 4-21 习题 4-6 的图

4-7 在图 4-22 所示的可调稳压电路中，$R = 0.25k\Omega$，如果要得到 10V 的输出电压，应将 R_P 调到（ ）。

  A. 6.8kΩ B. 4.5kΩ C. 1.75kΩ

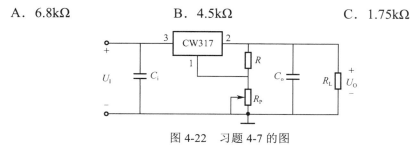

图 4-22 习题 4-7 的图

4-8 在图 4-2（a）所示的单相半波整流电路中，已知 $u_2 = 20\sin\omega t V$，$R_L = 100\Omega$。试求输出电压的平均值 U_O，流过二极管的平均电流 I_D 及二极管承受的最高反向电压 U_{DRM}。

4-9 在图 4-3（a）所示的单相桥式整流电路中，已知交流电网电压为 220V，负载电阻 $R_L = 50\Omega$，负载电压 $U_O = 100V$。试求变压器的变比和容量，二极管的平均电流和最高反向电压。

4-10 有一负载电阻 $R_L = 20\Omega$，需要直流电压 $U_O = 36V$。若采用单相桥式整流电路给负载供电，则变压器二次侧电压应为多少？二极管的平均电流和最高反向电压是多少？

4-11 在图 4-6（a）所示的单相桥式整流电容滤波电路中，已知交流电源频率 $f = 50Hz$，$U_2 = 15V$，负载电阻 $R_L = 50\Omega$。试计算输出电压的平均值 U_O，流过二极管的平均电流 I_D，二极管承受的最高反向电压 U_{DRM}，滤波电容 C 的大小。

4-12 在图 4-6（a）所示的单相桥式整流电容滤波电路中，已知交流电源频率 $f = 50Hz$，输出电压 $U_O = 40V$，负载电流 $I_O = 120mA$。试计算变压器二次侧电压的有效值 U_2，二极管的平均电流 I_D 和最高反向电压 U_{DRM}，电容器的电容值。

4-13 在图 4-9 所示的稳压电路中，若 $u_2 = 10\sqrt{2}\sin\omega t V$，稳压管的稳压值 $U_S = 6V$。则输出电压 U_O 是多少？若电网电压波动（u_1 上升），试说明稳定输出电压的物理过程。

4-14 并联型稳压电路中负载 $R_L = 600\Omega$，要求输出直流电压 $U_O = 6V$，采用桥式整流电容滤波后的电压为 18V。（1）画出此桥式整流电容滤波稳压管稳压电路；（2）若稳压管稳定电流 $I_S = 10mA$，求限流电阻 R 的值；（3）求整流元件的整流电流 I_D 及最高反向电压 U_{DRM}。

4-15 在图 4-9 所示的稳压电路中，已知整流滤波电路的输出电压为 25V，电压波动范围为 $\pm 10\%$，输出电压 $U_O = 10V$，负载电流 $I_O = (0\sim 10)mA$。试求稳压管的稳定电压 U_S、最大稳定电流 I_{SM} 及限流电阻 R 的大小。

4-16 有一单相半波可控整流电路，负载电阻 $R_L = 10\Omega$，直接由 220V 电网供电，控制角 $\alpha = 60°$。试计算整流电压的平均值、整流电流的平均值。

4-17 有一电阻性负载，它需要可调的直流电压 $U_O = (0\sim60)V$，电流 $I_O = (0\sim10)A$。现采用单相半控桥式整流电路，试计算变压器二次侧的电压，并求整流元件（晶闸管、二极管）的最高正向、反向电压。当控制角 $\alpha = 0°$ 时，求整流元件（晶闸管、二极管）的平均电流。

第5章 门电路与组合逻辑电路

电子电路中的信号分为模拟信号和数字信号两种。在时间和数值上连续变化的信号称为模拟信号，处理模拟信号的电路称为模拟电路；在时间和数值上离散变化的信号称为数字信号，处理数字信号的电路称为数字电路。数字信号有许多优点，它便于存储和传输，且不易失真，广泛应用在各种电子设备中。计算机、互联网、云计算等都以数字信号处理电路为基础。

本章介绍数字电路的基本理论、基本分析方法等知识，包括数字信号的特点、数制、基本逻辑门电路、组合逻辑电路的分析与设计方法，并介绍一些常见的组合逻辑电路，如加法器、编码器、译码器、数据选择器与数据分配器等。

5.1 数字信号与数制

5.1.1 数字信号

数字信号有多种，常见的是矩形波脉冲信号，如图 5-1（a）所示，它有低电平和高电平两种状态，分别用数字 0 和 1 来表示。由于输入信号和输出信号只有 0 和 1 两种状态，因此，在数字电路中不是分析输入与输出之间的数值关系，而是分析它们之间的逻辑关系。

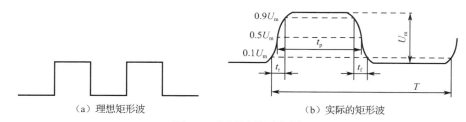

（a）理想矩形波　　　　　　　　　（b）实际的矩形波

图 5-1　矩形波脉冲信号

实际的矩形波如图 5-1（b）所示，其上升沿和下降沿并不是很陡峭。因为电路中总存在各种电容和电感效应，输入信号变化后，输出信号总有一定的延迟。图中标出了脉冲波形的几个主要参数。

（1）脉冲幅度 U_m：脉冲波形的最大值。

（2）脉冲周期 T：在相邻两个脉冲信号上升沿（或下降沿）上，脉冲幅度 10%的两点之间的时间间隔。

（3）脉冲上升时间 t_r：脉冲信号的幅度从 10%上升到 90%所用的时间。

（4）脉冲下降时间 t_f：脉冲信号的幅度从 90%下降到 10%所用的时间。

（5）脉冲宽度 t_p：脉冲信号从上升沿的 50%到下降沿的 50%所用的时间。

5.1.2 数制

1. 十进制数的特点

十进制数是人们常用的计数方式，其特点为：有 0～9 共 10 个数码，逢 10 进 1，第 n 位数的位权是 10^{n-1}。例如，十进制数 365 可表示为

$$365 = 3 \times 10^2 + 6 \times 10^1 + 5 \times 10^0$$

2. 二进制数的特点

二进制数的特点为：有 0、1 共 2 个数码，逢 2 进 1，第 n 位数的位权是 2^{n-1}。例如，二进制数 $(1101)_2$ 对应的十进制数为

$$(1101)_2 = 1 \times 2^3 + 1 \times 2^2 + 0 \times 2^1 + 1 \times 2^0 = 8 + 4 + 0 + 1 = 13$$

除十进制数外，其他各种进制的数都要加一个括号表示，并且在右下角写上它的进制数，以防止各种进制之间混淆。

3. 十六进制数的特点

十六进制数的特点为：有 0～9、A～F 共 16 个数码和字符，逢 16 进 1，第 n 位数的位权是 16^{n-1}。例如，十六进制数 $(F2A)_{16}$ 对应的十进制数为

$$(F2A)_{16} = 15 \times 16^2 + 2 \times 16^1 + 10 \times 16^0 = 3840 + 32 + 10 = 3882$$

表 5-1 是常见的十进制数、二进制数、十六进制数之间的对应关系。

表 5-1　十进制数、二进制数、十六进制数之间的对应关系

十进制数	二进制数	十六进制数
0	0	0
1	1	1
2	10	2
3	11	3
4	100	4
5	101	5
6	110	6
7	111	7
8	1000	8
9	1001	9
10	1010	A
11	1011	B
12	1100	C
13	1101	D
14	1110	E
15	1111	F

4．N 进制数的特点

在生产实践中，除了以上数制，其他进制的数制也经常使用，如钟表中使用的就有十二进制、二十四进制、六十进制等，把任意进制数统称为 N 进制。N 进制数有如下特点：有 0～(N–1)共 N 个数码，逢 N 进 1。

5.2　逻辑门电路

门电路是数字电路中最基本的单元。"门"具有开、关两种状态，门电路就是具有开关性质的电路，在一定条件下允许信号通过，条件不满足，则信号不能通过。门电路中的输入与输出信号之间符合一定的逻辑关系，所以门电路又称为逻辑门电路。基本逻辑门电路有与门、或门、非门等。

5.2.1　基本逻辑门电路

1．与逻辑及与门电路

由开关和灯组成的与逻辑门电路如图 5-2 所示，如果把开关闭合作为条件，灯亮作为结果，则只有开关 A 和 B 都闭合时，灯 Y 才会亮。由此可得出一种逻辑关系：当决定某个结果的所有条件都成立时，结果才能发生，这种逻辑关系称为与逻辑。

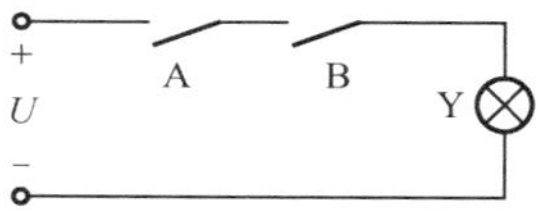

在图 5-2 中，如果把开关的断开、闭合两种状态分别用 0、1 表示，把灯的灭、亮两种状态也分别用 0、1 来表示，可用表 5-2 完整列出它们之间的逻辑关系，称为真值表。从表中可以看出，与门的逻辑关系是：只要输入端有 0，输出就为 0；输入全为 1 时，输出为 1。

图 5-2　与逻辑门电路

表 5-2　与逻辑真值表

A	B	Y
0	0	0
0	1	0
1	0	0
1	1	1

与逻辑关系还可用式（5-1）表示，称为与运算，或逻辑乘法

$$Y = AB \tag{5-1}$$

与逻辑的运算规则如下：

$$0×0=0 \quad 0×1=0 \quad 1×0=0 \quad 1×1=1$$

由二极管和电阻构成的与门电路如图 5-3 所示，A、B 分别代表与门的输入端，Y 代表与门的输出端。输入端的高、低电位输入分别为 3V、0V，若忽略二极管 VD1、VD2 的导通电压降，则输出端 Y 的高、低电位输出也为 3V、0V。从图 5-3 可知，只要 A、B 至少有一个输入低电位 0V，相应的二极管导通，就使 Y 输出低电位 0V。当 A、B 都输入高电位 3V 时，两个二极管都导通，Y 端输出高电位 3V。将电路中的高电位和低电位分别用高电平 1 和低电

平 0 来表示，列出的真值表与表 5-2 相同。

与门电路的逻辑符号如图 5-4 所示。

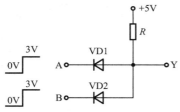

图 5-3　由二极管和电阻构成的与门电路

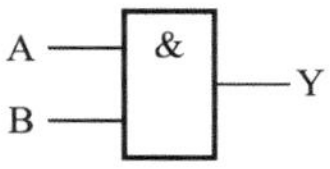

图 5-4　与门电路的逻辑符号

常用的 TTL（Transistor-Transistor Logic，晶体管-晶体管逻辑）集成与门电路 74LS08、CMOS（Complementary Metal Oxide Semiconductor，互补金属氧化物半导体）集成门电路 CD4081 的引脚排列如图 5-5 所示，它们内部都包含 4 个具有两个输入端的与门电路，但引脚功能有所不同。

在 TTL 集成电路中，U_{CC} 端接电源正极，GND 是接地端。在 CMOS 集成电路中，U_{DD} 端接电源正极，U_{SS} 端接电源负极（通常接地）。

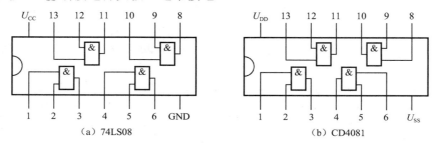

（a）74LS08　　　　　　　　（b）CD4081

图 5-5　集成与门电路 74LS08、CD4081 的引脚排列

与门电路的波形示例如图 5-6 所示。

2. 或逻辑及或门电路

由开关和灯组成的或逻辑门电路如图 5-7 所示，如果把开关闭合作为条件，灯亮作为结果，则只要开关 A 和 B 中有一个闭合，灯 Y 就会亮。由此，可得出或逻辑关系：当决定某个结果的条件中只要一个或几个成立，结果就能发生，这种逻辑关系称为或逻辑。

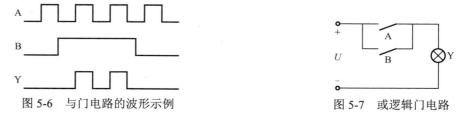

图 5-6　与门电路的波形示例

图 5-7　或逻辑门电路

或逻辑关系的真值表如表 5-3 所示。从表中可以看出，或门的逻辑关系是：只要输入端有 1，输出就为 1；输入全为 0 时，输出为 0。

表 5-3　或逻辑真值表

A	B	Y
0	0	0
0	1	1
1	0	1
1	1	1

或逻辑关系还可用式（5-2）来表示，称为或运算，或逻辑加法

$$Y = A + B \tag{5-2}$$

或逻辑的运算规则如下：

$$0+0=0 \quad 0+1=1 \quad 1+0=1 \quad 1+1=1$$

由二极管和电阻构成的或门电路如图 5-8 所示。可知，只要 A、B 有一个输入高电位 3V，相应的二极管导通后，就使 Y 输出高电位 3V。当 A、B 都输入低电位 0V 时，两个二极管都导通，Y 端输出低电位 0V。将电路中的高电位和低电位分别用高电平 1 和低电平 0 来表示，列出的真值表同表 5-3。

或门电路的逻辑符号如图 5-9 所示。

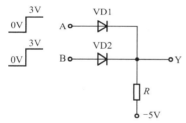

图 5-8　由二极管和电阻构成的或门电路

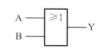

图 5-9　或门电路的逻辑符号

常用的 TTL 集成或门电路 74LS32 的引脚排列如图 5-10 所示，内部包含 4 个具有两个输入端的或门电路。类似的 CMOS 集成或门电路型号是 CD4071。

或门电路的波形示例如图 5-11 所示。

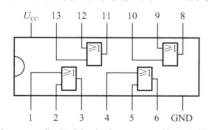

图 5-10　集成或门电路 74LS32 的引脚排列

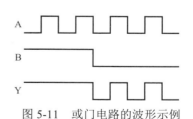

图 5-11　或门电路的波形示例

3. 非逻辑及非门电路

由开关和灯组成的非逻辑门电路如图 5-12 所示，显然，开关 A 断开，灯 Y 就会亮；开关 A 闭合，灯 Y 就会灭。由此可得出非逻辑关系：当决定某个结果的条件成立时，结果就不发生；当条件不成立时，结果一定发生。

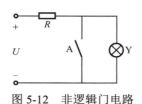

图 5-12　非逻辑门电路

非逻辑关系的真值表如表 5-4 所示。从表中可以看出，非门的逻辑关系是：输出与输入信号总是相反。

表 5-4　非逻辑真值表

A	Y
0	1
1	0

非逻辑关系还可用式（5-3）来表示，称为非运算，又称逻辑求反

$$Y = \overline{A}$$　　　　　　　　　　　　　　　　（5-3）

非逻辑的运算规则如下：

$$\overline{0} = 1 \quad \overline{1} = 0$$

由晶体管构成的非门电路如图 5-13 所示。晶体管工作在开关状态，当输入为高电平 1 时（电位为 3V），晶体管饱和导通，饱和电压 $U_{CE} \approx 0V$，输出端 Y 为低电平 0；当输入为低电平 0 时（电位为 0V），晶体管截止，$U_{CE} \approx U_{CC}$，输出端 Y 为高电平 1。因此，其输入和输出总是相反，符合表 5-4。

由 PMOS 管和 NMOS 管共同构成的 CMOS 非门电路如图 5-14 所示。其中，VT1 是 P 沟道增强型 MOS 管，即 PMOS 管，作负载管。VT2 是 N 沟道增强型 MOS 管，即 NMOS 管，作驱动管。

当输入 A 为低电平时，VT2 截止，VT1 导通，输出 Y 为高电平；当输入 A 为高电平时，VT1 截止，VT2 导通，输出 Y 为低电平。通过分析可知，该电路符合非门的逻辑关系。

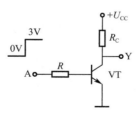

图 5-13　由晶体管构成的非门电路

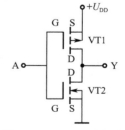

图 5-14　CMOS 非门电路

非门电路的逻辑符号如图 5-15 所示，输出端加小圆圈代表逻辑非。

常用的 TTL 集成非门电路 74LS04 的引脚排列如图 5-16 所示，内部包含 6 个非门电路。CMOS 集成非门电路 CD4069 的引脚排列与 74LS04 相同，只是电源电压不同。

图 5-15　非门电路的逻辑符号

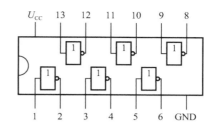

图 5-16　集成非门电路 74LS04 的引脚排列

非门电路的波形示例如图 5-17 所示。

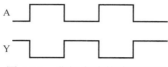

图 5-17　非门电路的波形示例

5.2.2　复合逻辑门电路

将与、或、非等基本逻辑运算组合起来，就构成复合逻辑，相应的门电路称为复合逻辑门电路。复合逻辑门电路中最常用的是与非门、或非门、与或非门、异或门、同或门等。

1．与非门电路

与非逻辑运算是与运算和非运算的组合，先对输入变量进行与运算，再对其结果进行非运算。两个输入变量的与非逻辑表达式为

$$Y = \overline{AB} \qquad (5-4)$$

两个输入端的与非门电路的逻辑符号如图 5-18 所示，其真值表如表 5-5 所示。从表中可以看出，与非门的逻辑关系是：只要输入端有 0，输出就为 1；输入全为 1 时，输出为 0。

图 5-18　与非门电路的逻辑符号

表 5-5　与非门真值表

A	B	Y
0	0	1
0	1	1
1	0	1
1	1	0

常用的 TTL 集成与非门电路 74LS00 的引脚排列如图 5-19 所示，内部包含 4 个两输入与非门电路。类似的 CMOS 集成与非门电路型号是 CD4011。

与非门电路的波形示例如图 5-20 所示。

2．或非门电路

或非逻辑运算是或运算与非运算的组合，先对输入变量进行或运算，再对其结果进行非运算，两个输入变量的或非逻辑表达式为

$$Y = \overline{A+B} \qquad (5\text{-}5)$$

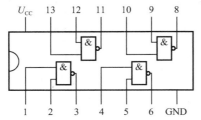

图 5-19　集成与非门电路 74LS00 的引脚排列

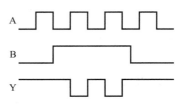

图 5-20　与非门电路的波形示例

两个输入端的或非门电路的逻辑符号如图 5-21 所示，其真值表如表 5-6 所示，从表中可以看出，或非门的逻辑关系是：只要输入端有 1，输出就为 0；输入全为 0 时，输出为 1。

图 5-21　或非门电路的逻辑符号

表 5-6　或非门真值表

A	B	Y
0	0	1
0	1	0
1	0	0
1	1	0

常用的 CMOS 集成或非门电路 CD4001 的引脚排列如图 5-22 所示，内部包含 4 个两输入或非门电路。常用的 TTL 集成或非门电路型号有 74LS02、74LS28。

或非门电路的波形示例如图 5-23 所示。

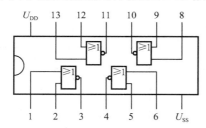

图 5-22　集成或非门电路 CD4001 的引脚排列

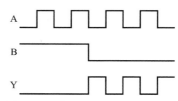

图 5-23　或非门电路的波形示例

3. 与或非门电路

与或非逻辑运算是与运算和或非运算的组合，先对输入变量 A、B 和 C、D 分别进行与运算，再对运算的结果进行或非运算，其逻辑表达式为

$$Y = \overline{AB+CD} \qquad (5\text{-}6)$$

与或非门电路的符号如图 5-24 所示。

常用的 TTL 集成与或非门电路型号是 74LS51，CMOS 集成与或非门电路型号是 CD4085。

4．异或门和同或门

异或门的逻辑符号如图 5-25（a）所示，其逻辑函数式为

$$Y = A\overline{B} + \overline{A}B = A \oplus B$$

同或门的逻辑符号如图 5-25（b）所示，其逻辑函数式为

$$Y = \overline{A}\,\overline{B} + AB = A \odot B$$

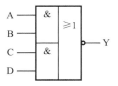

图 5-24　与或非门电路的逻辑符号

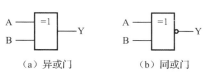

（a）异或门　　　　　（b）同或门

图 5-25　异或门和同或门的逻辑符号

异或门和同或门的真值表如表 5-7 所示，从表中可以看出，在异或门中，当两个输入变量相异时，输出为 1；当输入变量相同时，输出为 0。在同或门中，当两个输入变量相同时，输出为 1；当输入变量相异时，输出为 0。它们的逻辑关系正好相反，即

$$A \oplus B = \overline{A \odot B} \text{ 或 } A \odot B = \overline{A \oplus B}$$

表 5-7　异或门和同或门的真值表

A	B	$Y = A \oplus B$	$Y = A \odot B$
0	0	0	1
0	1	1	0
1	0	1	0
1	1	0	1

常用集成异或门电路型号有 74LS86、74LS386、CD4030、CD4070 等。

5．三态输出与非门

三态输出与非门简称为三态门，它有三种输出状态，分别是：低电平、高电平、高阻状态。高阻状态也称为开路状态，即输出端对外呈开路状态。

图 5-26（a）所示为高电平有效的三态门，其中，A、B 为输入端，EN 为控制端。当 EN = 1 时，电路为与非门状态，即 $Y = \overline{AB}$；当 EN = 0 时，不论 A、B 端的输入为何，输出呈高阻状态。

图 5-26（b）所示为低电平有效的三态门，$\overline{EN}$ 为控制端。当 $\overline{EN}$ = 0 时，电路为与非门状态，即 $Y = \overline{AB}$；当 $\overline{EN}$ = 1 时，不论 A、B 端的输入为何，输出呈高阻状态。

在逻辑符号中，输入端加小圆圈，代表低电平输入有效，其文字符号要加上画线；输入端不加小圆圈，代表高电平输入有效，其文字符号不加上画线。

三态门一个重要的用途是将多个三态门连接到一条数据总线上，分时使用总线传输数据，这样可极大地减少数据总线的数目，在计算机中被广泛应用，如图 5-27 所示。在某一段时间内，只让某一个三态门与总线接通，传输数据，其余三态门处于高阻状态，与总线断开。多个三态门轮流与总线接通，既能实现数据传输，又不会相互干扰。

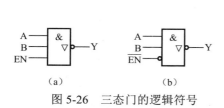

| (a) | (b) |

图 5-26 三态门的逻辑符号

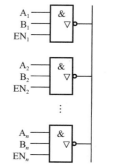

图 5-27 三态门在数据总线中的应用

5.2.3 集成门电路的参数及应用

1. 集成门电路的型号简介

常用的集成门电路主要是 TTL 门电路、CMOS 门电路。

TTL 门电路即晶体管-晶体管-逻辑门电路，主要由晶体管和电阻组成。常用的集成 TTL 门电路有 54/74LS×× 系列、54/74ALS×× 系列等。其中，54 系列是军品（军用），74 系列是民品（商用）；LS 表示低功耗肖特基系列，ALS 表示先进低功耗肖特基系列。集成 TTL 门电路的电源电压为+5V。

常用的集成 CMOS 门电路有 CD4000 系列、74HC×× 系列、74HCT×× 系列等。其中，CD4000 系列的电源电压是 3～18V，国内产品命名为 CC4000 系列；74HC×× 系列与相同型号的 TTL 集成电路具有相同的功能，电源电压是 2～6V；74HCT×× 系列与相同型号的 TTL 集成电路具有相同的功能，电源电压是 4.5～5.5V，与 TTL 电路兼容，便于互换。

2. 集成门电路的主要参数

集成门电路的参数很多，应用时要参考生产厂家的产品手册。下面仅举出几个反映与非门性能的主要参数，便于今后应用。

（1）输出高电平 U_{OH} 和输出低电平 U_{OL}

U_{OH} 是指一个或几个输入端为低电平时，与非门输出高电平的值。对于 TTL 门电路，典型值为 3.6V，最小值为 2.4V；对于 CMOS 门电路，U_{OH} 接近电源电压 U_{DD}。

U_{OL} 是输入端全为高电平时，与非门输出低电平的值。对于 TTL 门电路，典型值为 0.3V，最大值为 0.4V；对于 CMOS 门电路，U_{OL} 接近 0V。

（2）扇出系数 N_O

N_O 表示一个与非门带同类门电路的最大数目，它表示带负载能力。对于 TTL 与非门，$N_O \geq 8$；对于 CMOS 门电路，可以带无限多个同类门电路，无须考虑该参数。

（3）平均传输延迟时间 t_{pd}

在与非门的输入端加上一个脉冲电压，输出端的脉冲电压会有一定的延迟。从输入脉冲的上升沿的 50% 处到输出脉冲下降沿的 50% 处的时间称为上升延迟时间 t_{pd1}。从输入脉冲的下降沿的 50% 处到输出脉冲上升沿的 50% 处的时间称为下降延迟时间 t_{pd2}。t_{pd1} 与 t_{pd2} 的平均值即为平均传输延迟时间 t_{pd}。

3. 集成门电路使用中注意的问题

（1）多余输入端的处理。使用时，集成门电路多余的输入端不能悬空，否则易引进干扰。与门、与非门多余的输入端可与其他输入端并联或接电源；或门、或非门多余的输入端可接地。

（2）CMOS 门电路的栅极具有很高的输入阻抗，很容易因静电感应而击穿。焊接时电烙铁必须接地，最好是切断电源利用余热进行焊接。测试时所用仪器、仪表都要接地。

练习与思考

5.2.1 什么是 TTL 门电路？什么是 CMOS 门电路？

5.2.2 常用的集成门电路有哪些型号？各有什么特点？

5.2.3 三态门的输出有哪几种状态？如何应用？

5.2.4 对于集成门电路多余的输入端应如何处理？

5.3　逻辑代数

逻辑代数也称为布尔代数，由英国数学家乔治·布尔在 1849 年提出，是描述客观事物逻辑关系的数学方法，也是分析数字电路的数学工具。在分析数字电路时，输入信号和输出信号常用变量表示，但这种变量的取值只有 0 和 1 两种，用于表示电路的低电平和高电平。输出变量与输入变量之间的关系也用数学公式来表示，称为逻辑表达式或逻辑函数。在逻辑函数中，不研究变量之间的数值关系，只研究其逻辑关系。

若用 0 表示低电平、用 1 表示高电平，这样得出的逻辑关系称为正逻辑；反之，称为负逻辑。本书使用正逻辑。

输入变量常用字母 A、$\overline{A}$、B、$\overline{B}$、C、$\overline{C}$ 等来表示，输出变量用 Y、$\overline{Y}$ 来表示。其中，A、B、C、Y 等称为原变量，$\overline{A}$、$\overline{B}$、$\overline{C}$、$\overline{Y}$ 等称为反变量。

下面介绍逻辑代数中的运算法则、基本定律和逻辑函数的化简方法。

5.3.1　基本运算法则

$$A + 0 = A \quad A \times 0 = 0 \quad A + 1 = 1 \quad A \times 1 = A$$
$$A + A = A \quad A \times A = A \quad A + \overline{A} = 1 \quad A \times \overline{A} = 0$$
$$\overline{\overline{A}} = A$$

5.3.2　基本定律

交换律：

$$A + B = B + A \quad AB = BA$$

结合律：

$$A + B + C = A + (B + C) = (A + B) + C$$
$$ABC = A(BC) = (AB)C$$

分配律：

$$A(B + C) = AB + AC$$
$$A + BC = (A + B)(A + C)$$

吸收律：

$$A + AB = A$$
$$A + \overline{A}B = A + B$$
$$A(A + B) = A$$
$$A(\overline{A} + B) = AB$$
$$AB + \overline{A}B = B$$
$$(A + B)(\overline{A} + B) = B$$

反演律：

$$\overline{A + B} = \overline{A}\,\overline{B}$$
$$\overline{AB} = \overline{A} + \overline{B}$$

例 5.3.1 用公式法证明：（1）$A + BC = (A + B)(A + C)$；（2）$A + \overline{A}B = A + B$。

证：（1）

$$(A + B)(A + C) = AA + AC + AB + BC$$
$$= A + AC + AB + BC$$
$$= A(1 + C + B) + BC = A + BC$$

（2）由分配律公式 $A + BC = (A + B)(A + C)$，得

$$A + \overline{A}B = (A + \overline{A})(A + B) = A + B$$

例 5.3.2 用列真值表法证明反演律。

证： 反演律也称为摩根定律，可用列出真值表的方法证明，如表 5-8 所示。

表 5-8　反演律的证明

A	B	$\overline{A + B}$	$\overline{A}\overline{B}$	$\overline{AB}$	$\overline{A} + \overline{B}$
0	0	1	1	1	1
0	1	0	0	1	1
1	0	0	0	1	1
1	1	0	0	0	0

5.3.3　逻辑函数的化简

在逻辑电路设计中，同一逻辑功能可以用不同的逻辑电路来实现，有的简单，有的复杂。为减少所用元件数目，降低生产成本，需要对逻辑表达式进行化简。下面介绍两种逻辑函数的化简方法。

1．公式化简法

利用逻辑代数的基本运算法则和基本定律，对逻辑函数进行化简。

（1）并项法

利用公式 $A + \overline{A} = 1$，将两项合并为一项，可消去一个或多个变量。如

$$Y = ABC + \overline{A}BC + \overline{A}\overline{B}C + AB\overline{C}$$

$$= AB(C + \overline{C}) + \overline{A}C(B + \overline{B}) = AB + \overline{A}C$$

（2）加项法

利用公式 $A + A = A$，在逻辑式中增加相同的项，然后再合并化简。如

$$Y = ABC + \overline{A}BC + A\overline{B}C$$

$$= ABC + \overline{A}BC + A\overline{B}C + ABC$$

$$= BC(A + \overline{A}) + AC(B + \overline{B}) = BC + AC$$

（3）吸收法

利用公式 $A + AB = A$，消去多余因子。如

$$Y = B\overline{C} + AB\overline{C} = B\overline{C}(A + 1) = B\overline{C}$$

（4）配项法

利用公式 $A(B + \overline{B}) = A$，先将某项乘以 $(B + \overline{B})$，再把该项拆分为两项，然后再与其他项合并化简。如

$$Y = AB + B\overline{C} + A\overline{B}C$$

$$= AB(C + \overline{C}) + B\overline{C} + A\overline{B}C$$

$$= ABC + AB\overline{C} + B\overline{C} + A\overline{B}C$$

$$= AC(B + \overline{B}) + B\overline{C}(A + 1) = AC + B\overline{C}$$

2．卡诺图化简法*

用卡诺图化简逻辑函数时，先将逻辑函数式转化为最小项的组合，然后将这些最小项填充到一个图表（即卡诺图）中，根据最小项组合在图表中的排列规律，找出相应的化简方法。利用卡诺图，能够非常直观地将逻辑函数式化简为最简与或函数式。

（1）最小项

对于 3 个输入变量 A、B、C 的逻辑函数，共有 8 种输入变量的乘积项组合：$\overline{A}\overline{B}\overline{C}$、$\overline{A}\overline{B}C$、$\overline{A}B\overline{C}$、$\overline{A}BC$、$A\overline{B}\overline{C}$、$A\overline{B}C$、$AB\overline{C}$、$ABC$。在这些乘积项中，输入变量以原变量或反变量的形式各出现一次，这种乘积项就称为最小项。

对于 n 个输入变量的逻辑函数，共有 2^n 个最小项。

（2）相邻项

若两个最小项中只有一个变量以原变量或反变量的形式各出现一次，其余变量的形式不变，则称它们为相邻项。若两个相邻项相加，则可消去以原变量或反变量的形式各出现一次的变量。例如 $AB\overline{C}$ 和 ABC 就是相邻项，二者相加可消去变量 C，相加的结果等于 AB；$\overline{A}BC$ 和 ABC 也是相邻项，二者相加可消去变量 A，相加的结果等于 BC。

（3）卡诺图

将最小项按一定规则填充到一个长方形或正方形的图表中，这个图表就称为卡诺图。

3 变量的卡诺图共有 8 个方格，如图 5-28（a）所示。4 变量的卡诺图共有 16 个方格，如图 5-28（b）所示。n 个变量的卡诺图有 2^n 个方格。图中，0 代表反变量，1 代表原变量。

在卡诺图的小方格中，可填充相应的最小项，如图 5-28（a）所示，也可填充最小项的编号（编号方法是将最小项中的反变量取二进制数 0，原变量取二进制数 1，然后转化为十进制数），如图 5-28（b）所示。

在卡诺图中，两个变量的排列次序是 00、01、11、10，而不是按二进制的顺序 00、01、10、11 排列，这样的排列能保证相邻的方格中填充的是相邻项。

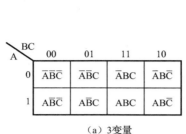

图 5-28　卡诺图

（4）用卡诺图化简逻辑函数式的步骤

① 利用配项法将函数式中的非最小项转化为最小项。

② 在卡诺图中将与函数式中最小项对应的方格内填写数字 1，其余方格为空。

③ 按 1 个、2 个、4 个、8 个一组的方法找出数字为 1 的相邻项，并圈起来。2 个相邻项可化简掉 1 个变量，4 个相邻项可化简掉 2 个变量，8 个相邻项可化简掉 3 个变量，依次类推。相邻项越多，化简掉的变量越多，函数式越简单，应尽可能多地将相邻项找出来。

除上下、左右是相邻项外，最上边与最下边、最左边与最右边也是相邻项。

④ 将相邻项方框中不变的变量保留，将既取原变量也取反变量的变量化简掉。然后将所有方框中的相邻项化简得到的结果相加，即得到化简后的最简函数式。

例 5.3.3　应用卡诺图化简逻辑函数式 $Y = A\overline{B}\overline{C} + \overline{A}BC + AB$。

解：先利用配项法将函数式中的非最小项转化为最小项：

$$Y = A\overline{B}\overline{C} + \overline{A}BC + AB$$
$$= A\overline{B}\overline{C} + \overline{A}BC + AB(C + \overline{C})$$
$$= A\overline{B}\overline{C} + \overline{A}BC + ABC + AB\overline{C}$$

将最小项填充到卡诺图中，如图 5-29 所示。然后找出相邻项，将相邻项圈起来，化简掉相应的变量。化简结果为

$$Y = A\overline{C} + BC$$

在熟练掌握卡诺图化简法后，可不必利用配项法将函数式中的非最小项转化为最小项，而是直接将非最小项对应的方格内填写数字 1。

例 5.3.4　应用卡诺图化简逻辑函数式 $Y = \overline{A}BC + BC$。

解：将逻辑函数式对应的最小项填充到卡诺图中，如图 5-30 所示。然后找出相邻项化简，化简结果为

$$Y = \overline{A}C + BC$$

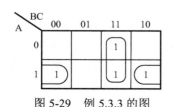

图 5-29　例 5.3.3 的图

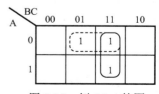

图 5-30　例 5.3.4 的图

由例 5.3.4 可知，方格中的最小项可出现在多个相邻项中，并被反复使用。但需注意的是，每圈一个相邻项方框，至少要有一个未圈过的 1，而且圈数要尽可能少，否则会出现多余项。

例 5.3.5 应用卡诺图化简逻辑函数式 $Y = \overline{AB}\overline{CD} + \overline{ABCD} + AB + A\overline{B}$。

解：将逻辑函数式对应的最小项填充到卡诺图中，如图 5-31 所示。然后找出相邻项化简，化简结果为

$$Y = A + BD$$

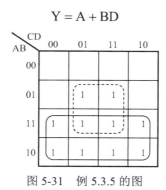

图 5-31　例 5.3.5 的图

5.4　组合逻辑电路分析与设计

数字电路一般分为组合逻辑电路和时序逻辑电路两种。组合逻辑电路的特点是：在任何时刻，输出状态只取决于当前的输入状态，与电路原来的状态无关。

组合逻辑电路的分析是根据给定的逻辑电路图，通过写出表达式、列出真值表，分析其逻辑功能。组合逻辑电路的设计是根据给定的设计要求，通过列真值表、写出表达式并化简，设计出符合要求的电路。

5.4.1　组合逻辑电路的分析

组合逻辑电路分析的具体步骤如下：

（1）由给定的逻辑电路图先写出各个门电路的表达式，再写出各个输出端的表达式；

（2）化简各输出端的表达式；

（3）列出逻辑真值表；

（4）根据逻辑表达式和真值表分析电路的功能。

例 5.4.1 分析图 5-32 的逻辑功能。

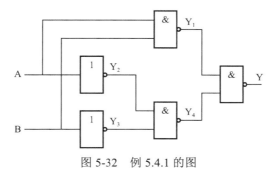

图 5-32　例 5.4.1 的图

解：（1）列出表达式并化简：

$$Y_1 = \overline{AB}$$

$$Y_2 = \overline{A}$$

$$Y_3 = \overline{B}$$

$$Y_4 = \overline{Y_2 Y_3} = \overline{\overline{A}\,\overline{B}}$$

$$Y = \overline{Y_1 Y_4} = \overline{\overline{AB}\ \overline{\overline{A}\,\overline{B}}} = AB + \overline{A}\,\overline{B}$$

（2）列出的真值表如表 5-9 所示。

表 5-9　例 5.4.1 的真值表

A	B	Y
0	0	1
0	1	0
1	0	0
1	1	1

（3）由真值表可以看出，当输入 A、B 相同时，输出 Y 为 1；当输入 A、B 相异时，输出 Y 为 0。所以该电路具有同或功能，是同或门电路。

例 5.4.2　分析图 5-33 的逻辑功能。

解：（1）列出表达式并化简：

$$Y = \overline{A \cdot \overline{ABC} + B \cdot \overline{ABC} + C \cdot \overline{ABC}}$$

$$= \overline{(A + B + C) \cdot \overline{ABC}}$$

$$= \overline{\overline{A + B + C} + \overline{\overline{ABC}}}$$

$$= \overline{A}\,\overline{B}\,\overline{C} + ABC$$

（2）列出的真值表如表 5-10 所示。

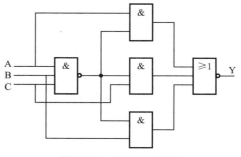

图 5-33　例 5.4.2 的图

表 5-10　例 5.4.2 的真值表

A	B	C	Y
0	0	0	1
0	0	1	0
0	1	0	0
0	1	1	0
1	0	0	0
1	0	1	0
1	1	0	0
1	1	1	1

（3）由真值表可以看出，当输入 A、B、C 全为 0 或全为 1 时，输出 Y 为 1。因此，该电路称为判一致电路，用于判断 3 个输入端的状态是否一致。

5.4.2　组合逻辑电路的设计

组合逻辑电路的设计过程与分析过程相反，设计步骤如下。

（1）分析设计要求并列出真值表。首先根据设计要求，确定输入变量和输出变量，并为这些变量赋值，即确定这些变量的取值 0 和 1 所对应的电路状态，然后将输入变量的所有组合按二进制数递增的顺序排列，列出真值表。

（2）根据真值表列出逻辑函数表达式。将真值表中所有结果为 1 的项所对应的输入变量的最小项进行逻辑加，这种表达式称为与或表达式。

（3）对逻辑函数进行化简。将所得的逻辑函数化简成最简与或表达式，若有特殊要求（如要求化简成与非表达式），再变换成类型符合要求的逻辑函数表达式。

（4）根据化简或变换后的逻辑函数表达式画出逻辑电路图。

例 5.4.3　在某项比赛中有 3 名裁判，只有获得两名以上裁判的认可，参赛选手的成绩才有效，试设计电路实现上述功能。

解：（1）分析设计要求并列出真值表。将 3 名裁判的判罚情况作为输入变量，分别用字母 A、B、C 表示，规定裁判认可时取值为 1，不认可时取值为 0。评判结果即参赛选手的成绩作为输出变量，用字母 Y 表示，规定 1 表示选手成绩有效，0 表示成绩无效。根据以上分析，列出的真值表如表 5-11 所示。

表 5-11　例 5.4.3 的真值表

A	B	C	Y
0	0	0	0
0	0	1	0
0	1	0	0
0	1	1	1
1	0	0	0
1	0	1	1
1	1	0	1
1	1	1	1

（2）根据真值表列出逻辑函数表达式：

$$Y = \overline{A}BC + A\overline{B}C + AB\overline{C} + ABC$$

（3）对逻辑函数进行化简：

$$Y = \overline{A}BC + A\overline{B}C + AB\overline{C} + ABC$$
$$= \overline{A}BC + A\overline{B}C + AB\overline{C} + ABC + ABC + ABC$$
$$= AB(\overline{C} + C) + BC(\overline{A} + A) + AC(\overline{B} + B)$$
$$= AB + BC + AC$$

（4）根据逻辑函数表达式画出逻辑电路图。

根据上述逻辑函数表达式画出的逻辑电路如图 5-34（a）所示。

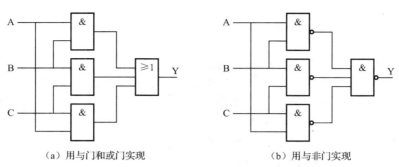

（a）用与门和或门实现　　　　　　　　　　（b）用与非门实现

图 5-34　例 5.4.3 的图

若由与非门电路实现上述逻辑功能，逻辑函数表达式为

$$Y = AB + BC + AC = \overline{\overline{AB + BC + AC}} = \overline{\overline{AB}\cdot\overline{BC}\cdot\overline{AC}}$$

由与非门电路实现上述逻辑功能的电路如图 5-34（b）所示。

例 5.4.4　设计一个能实现两个 4 位二进制数加法运算的电路。

解： 能实现两个 1 位二进制数相加，不考虑低位进位的电路称为半加器。能实现两个 1 位二进制数和低位来的进位相加的电路称为全加器。本例中先设计一个全加器，再由 4 个全加器组合成实现两个 4 位二进制数加法运算的电路。

全加器的两个加数分别用 A_i、B_i 来表示，低位来的进位用 C_{i-1} 来表示，相加的本位结果用 S_i 来表示，相加产生的进位用 C_i 来表示，全加器的真值表如表 5-12 所示。

表 5-12　全加器的真值表

加数 A_i	加数 B_i	低位进位 C_{i-1}	结果 S_i	进位输出 C_i
0	0	0	0	0
0	0	1	1	0
0	1	0	1	0
0	1	1	0	1
1	0	0	1	0
1	0	1	0	1
1	1	0	0	1
1	1	1	1	1

对相加产生的结果 S_i 和进位 C_i 分别写出其逻辑函数表达式并进行化简：

$$
\begin{aligned}
S_i &= \overline{A}_i\,\overline{B}_i\,C_{i-1} + \overline{A}_i\,B_i\,\overline{C}_{i-1} + A_i\,\overline{B}_i\,\overline{C}_{i-1} + A_i\,B_i\,C_{i-1} \\
&= (\overline{A}_i\,\overline{B}_i + A_i\,B_i)C_{i-1} + (\overline{A}_i\,B_i + A_i\,\overline{B}_i)\overline{C}_{i-1} \\
&= \overline{A_i \oplus B_i}\,C_{i-1} + (A_i \oplus B_i)\overline{C}_{i-1} \\
&= A_i \oplus B_i \oplus C_{i-1} \\
C_i &= \overline{A}_i\,B_i\,C_{i-1} + A_i\,\overline{B}_i\,C_{i-1} + A_i\,B_i\,\overline{C}_{i-1} + A_i\,B_i\,C_{i-1} \\
&= (\overline{A}_i\,B_i + A_i\,\overline{B}_i)C_{i-1} + A_i\,B_i(\overline{C}_{i-1} + C_{i-1}) \\
&= (A_i \oplus B_i)C_{i-1} + A_i\,B_i
\end{aligned}
$$

全加器的逻辑电路如图 5-35（a）所示，逻辑符号如图 5-35（b）所示。

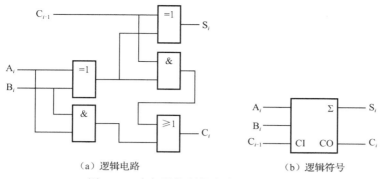

（a）逻辑电路   （b）逻辑符号

图 5-35　全加器的逻辑电路和逻辑符号

一个全加器能实现 1 位二进制数的加法运算，将 4 个全加器串联在一起，可构成 4 位二进制数的加法器，电路如图 5-36 所示。构成方法是依次将低位全加器的进位输出端 CO 连接到高位全加器的进位输入端 CI，并将最低全加器的 CI 端接地。

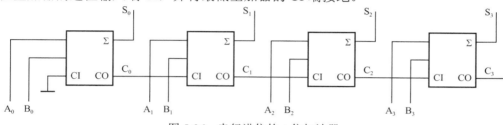

图 5-36　串行进位的 4 位加法器

这种加法器的各级之间是串联关系，称为串行进位加法器，其优点是电路简单，缺点是高位的运算必须等低位逐级运算完成后才能实现，若级数过多，运算速度就很慢。并行进位的加法器运算速度快，但电路复杂。

集成的二进制加法器有 74LS82（2 位）、74LS83（4 位）、74LS283（4 位）等。

练习与思考

5.4.1　组合逻辑电路分析的任务是什么？简述其步骤。

5.4.2　组合逻辑电路设计的任务是什么？简述其步骤。

5.4.3　实现两个 8 位二进制数相加，需要几个全加器？如何连接？

5.5　编码器与译码器

5.5.1　编码器

在数字电路中，将某些具有特定意义的信号用二进制数来表示，称为编码，实现编码的电路称为编码器。常用的编码器有二进制编码器、二-十进制编码器等。

编码器中的输入信号也称为输入变量，输出信号也称为输出变量。若输入变量之间存在互相排斥的约束关系，则可以用普通编码器进行编码；若输入变量之间不存在互相排斥的约束关系，就要用优先编码器按照输入变量优先权的高低进行编码。所谓互相排斥的约束关系，是指当某一个输入变量为 0 时，其他输入变量不能为 0，或者相反，当某一个输入变量为 1

时，其他输入变量不能为 1。

1．二进制编码器

用 n 个输出变量组成的 n 位二进制数表示 $N=2^n$ 个输入变量，这样的编码器称为二进制编码器。2 位、3 位、4 位二进制编码器可分别对 4 个、8 个、16 个输入变量进行编码，称为 4/2 线、8/3 线、16/4 线编码器。

3 位二进制普通编码器中，$I_7 \sim I_0$ 是 8 个互相排斥的输入变量，$Y_2 \sim Y_0$ 是 3 个输出变量，其真值表如表 5-13 所示。

表 5-13 3 位二进制普通编码器真值表

输　　入								输　　出		
I_7	I_6	I_5	I_4	I_3	I_2	I_1	I_0	Y_2	Y_1	Y_0
0	0	0	0	0	0	0	1	0	0	0
0	0	0	0	0	0	1	0	0	0	1
0	0	0	0	0	1	0	0	0	1	0
0	0	0	0	1	0	0	0	0	1	1
0	0	0	1	0	0	0	0	1	0	0
0	0	1	0	0	0	0	0	1	0	1
0	1	0	0	0	0	0	0	1	1	0
1	0	0	0	0	0	0	0	1	1	1

根据真值表，3 位二进制普通编码器的逻辑函数式为

$$Y_2 = I_7 + I_6 + I_5 + I_4 = \overline{\overline{I_7 + I_6 + I_5 + I_4}} = \overline{\overline{I_7}\,\overline{I_6}\,\overline{I_5}\,\overline{I_4}}$$

$$Y_1 = I_7 + I_6 + I_3 + I_2 = \overline{\overline{I_7 + I_6 + I_3 + I_2}} = \overline{\overline{I_7}\,\overline{I_6}\,\overline{I_3}\,\overline{I_2}}$$

$$Y_0 = I_7 + I_5 + I_3 + I_1 = \overline{\overline{I_7 + I_5 + I_3 + I_1}} = \overline{\overline{I_7}\,\overline{I_5}\,\overline{I_3}\,\overline{I_1}}$$

根据逻辑函数式，画出 3 位二进制普通编码器的电路如图 5-37 所示。

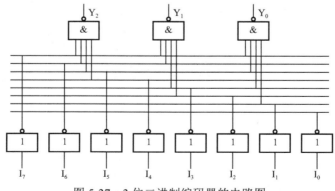

图 5-37 3 位二进制编码器的电路图

2．二-十进制编码器

二-十进制编码器是将 10 个输入变量用 4 个输出变量组成的 4 位二进制数表示，10 个输

入变量代表十进制数码 0～9。这种编码器也称为 10/4 线编码器，或 BCD 编码器。

4 位二进制数共有 16 个状态，对 10 个输入变量进行编码时有多种编码方式，通常使用 8421 码。在这种编码方式中，输出变量 Y_3～Y_0 所在位对应十进制数的权值分别为 8、4、2、1。

在 8421BCD 码普通编码器中，I_9～I_0 是 10 个互相排斥的输入变量，Y_3～Y_0 是 4 个输出变量，其真值表如表 5-14 所示。

表 5-14   8421BCD 码普通编码器真值表

输　　　入										输　　出			
I_9	I_8	I_7	I_6	I_5	I_4	I_3	I_2	I_1	I_0	Y_3	Y_2	Y_1	Y_0
0	0	0	0	0	0	0	0	0	1	0	0	0	0
0	0	0	0	0	0	0	0	1	0	0	0	0	1
0	0	0	0	0	0	0	1	0	0	0	0	1	0
0	0	0	0	0	0	1	0	0	0	0	0	1	1
0	0	0	0	0	1	0	0	0	0	0	1	0	0
0	0	0	0	1	0	0	0	0	0	0	1	0	1
0	0	0	1	0	0	0	0	0	0	0	1	1	0
0	0	1	0	0	0	0	0	0	0	0	1	1	1
0	1	0	0	0	0	0	0	0	0	1	0	0	0
1	0	0	0	0	0	0	0	0	0	1	0	0	1

根据真值表，8421BCD 码普通编码器中的逻辑函数式为

$$Y_3 = I_9 + I_8 = \overline{\overline{I_9 + I_8}} = \overline{\overline{I_9}\,\overline{I_8}}$$

$$Y_2 = I_7 + I_6 + I_5 + I_4 = \overline{\overline{I_7 + I_6 + I_5 + I_4}} = \overline{\overline{I_7}\,\overline{I_6}\,\overline{I_5}\,\overline{I_4}}$$

$$Y_1 = I_7 + I_6 + I_3 + I_2 = \overline{\overline{I_7 + I_6 + I_3 + I_2}} = \overline{\overline{I_7}\,\overline{I_6}\,\overline{I_3}\,\overline{I_2}}$$

$$Y_0 = I_9 + I_7 + I_5 + I_3 + I_1 = \overline{\overline{I_9 + I_7 + I_5 + I_3 + I_1}} = \overline{\overline{I_9}\,\overline{I_7}\,\overline{I_5}\,\overline{I_3}\,\overline{I_1}}$$

根据上述逻辑函数式，读者可自行画出逻辑电路图。

3. 集成二-十进制优先编码器 74LS147

普通编码器的电路比较简单，但它只能对互相排斥的输入变量进行编码，若输入变量不是互相排斥的，就会导致输出编码的混乱。优先编码器可以对非互相排斥的输入变量进行编码，它对所有输入变量规定了优先顺序，当多个输入变量同时有效时，只对优先级别最高的一个输入变量进行编码。

74LS147 优先编码器是一个中规模集成电路，能实现 8421BCD 优先编码，其引脚排列如图 5-38 所示，其内部结构可查阅相关资料。$\overline{I_9}$～$\overline{I_1}$ 是 9 个输入端，输入低电平有效，$\overline{Y_3}$～$\overline{Y_0}$ 是 4 个输出端，输出是反码，其编码功能如表 5-15 所示。

图 5-38   74LS147 的引脚排列

表 5-15　74LS147 优先编码器的功能表

输　入									输　出			
$\overline{I}_9$	$\overline{I}_8$	$\overline{I}_7$	$\overline{I}_6$	$\overline{I}_5$	$\overline{I}_4$	$\overline{I}_3$	$\overline{I}_2$	$\overline{I}_1$	$\overline{Y}_3$	$\overline{Y}_2$	$\overline{Y}_1$	$\overline{Y}_0$
0	×	×	×	×	×	×	×	×	0	1	1	0
1	0	×	×	×	×	×	×	×	0	1	1	1
1	1	0	×	×	×	×	×	×	1	0	0	0
1	1	1	0	×	×	×	×	×	1	0	0	1
1	1	1	1	0	×	×	×	×	1	0	1	0
1	1	1	1	1	0	×	×	×	1	0	1	1
1	1	1	1	1	1	0	×	×	1	1	0	0
1	1	1	1	1	1	1	0	×	1	1	0	1
1	1	1	1	1	1	1	1	0	1	1	1	0
1	1	1	1	1	1	1	1	1	1	1	1	1

注：符号 "×" 表示任意输入。

在表 5-15 中，输入变量 $\overline{I}_9$ 的编码优先级最高，其次是 $\overline{I}_8$，依次类推，$\overline{I}_1$ 的编码优先级最低。当 $\overline{I}_9 = 0$ 时，不考虑编码优先级低的其他输入变量的状态，$\overline{Y}_3 \sim \overline{Y}_0$ 编码输出为 0110，即 1001 的反码。当 $\overline{I}_9 = 1$ 且 $\overline{I}_8 = 0$ 时，不考虑编码优先级更低的其他变量的状态，$\overline{Y}_3 \sim \overline{Y}_0$ 编码输出为 0111，即 1000 的反码。

当 $\overline{I}_9 \sim \overline{I}_1$ 这 9 个输入端全部输入为 1 时，$\overline{Y}_3 \sim \overline{Y}_0$ 编码输出为 1111，即 0000 的反码，相当于输入信号 $\overline{I}_0 = 0$，即 $\overline{I}_0 = 0$ 是隐含输入的，所以 74LS147 优先编码器没有输入端 $\overline{I}_0$。

图 5-39 是 74LS147 编码器的应用电路，该电路将 $S_9 \sim S_1$ 这 9 个按钮的状态转化成 BCD 编码输出。按下按钮 S_9 时，$\overline{Y}_3 \sim \overline{Y}_0$ 编码输出 0110，经过 4 个非门后，$Y_3 \sim Y_0$ 输出为 1001。按下按钮 S_8 时，$\overline{Y}_3 \sim \overline{Y}_0$ 编码输出 0111，$Y_3 \sim Y_0$ 输出为 1000。$S_9 \sim S_1$ 这 9 个按钮都不按下时，$\overline{Y}_3 \sim \overline{Y}_0$ 编码输出 1111，$Y_3 \sim Y_0$ 输出为 0000。

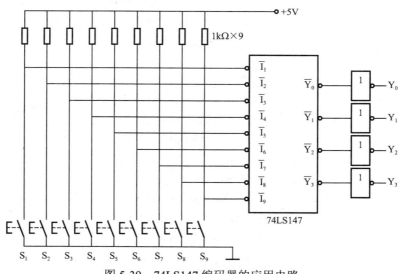

图 5-39　74LS147 编码器的应用电路

5.5.2 译码器

与编码的过程相反，把二进制数"翻译"成特定意义的信号称为译码，实现译码的电路称为译码器。

1. 二进制译码器

二进制译码器是将 n 位二进制数翻译为 2^n 个状态输出。对应 2 个、3 个、4 个输入变量的译码器，其输出变量分别为 4 个、8 个、16 个，分别称为 2/4 线、3/8 线、4/16 线译码器。

3/8 线译码器也称为 3 位二进制译码器，其真值表如表 5-16 所示。$A_2 \sim A_0$ 是 3 个输入变量，$Y_7 \sim Y_0$ 是 8 个输出变量，输出变量之间存在互相排斥的关系，即任何时刻只有一个输出为 1，其余为 0。

表 5-16   3/8 线译码器真值表

输入			输出							
A_2	A_1	A_0	Y_7	Y_6	Y_5	Y_4	Y_3	Y_2	Y_1	Y_0
0	0	0	0	0	0	0	0	0	0	1
0	0	1	0	0	0	0	0	0	1	0
0	1	0	0	0	0	0	0	1	0	0
0	1	1	0	0	0	0	1	0	0	0
1	0	0	0	0	0	1	0	0	0	0
1	0	1	0	0	1	0	0	0	0	0
1	1	0	0	1	0	0	0	0	0	0
1	1	1	1	0	0	0	0	0	0	0

由真值表可写出 3/8 线译码器的逻辑函数式为

$$Y_0 = \overline{A}_2\overline{A}_1\overline{A}_0 \quad Y_1 = \overline{A}_2\overline{A}_1 A_0 \quad Y_2 = \overline{A}_2 A_1\overline{A}_0 \quad Y_3 = \overline{A}_2 A_1 A_0$$
$$Y_4 = A_2\overline{A}_1\overline{A}_0 \quad Y_5 = A_2\overline{A}_1 A_0 \quad Y_6 = A_2 A_1\overline{A}_0 \quad Y_7 = A_2 A_1 A_0$$

根据逻辑函数式，画出 3/8 线译码器的电路如图 5-40 所示。

常用的中规模集成译码器有双 2/4 线译码器 74LS139、3/8 线译码器 74LS138、4/16 线译码器 74LS154 等。

2. 二-十进制译码器

把二-十进制码翻译成 10 个不同信号输出的逻辑电路称为二-十进制译码器。它有 4 个输入端 $A_3 \sim A_0$，输入信号是 4 位 BCD 码。有 10 个输出端 $\overline{Y}_9 \sim \overline{Y}_0$，输出端按十进制数编号。任何时刻，只有一个输出信号有效，与输入 BCD 码对应的输出端输出低电平，其余输出高电平。

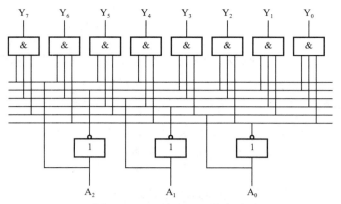

图 5-40 3/8 线译码器的电路

图 5-41 为二-十进制译码器 74LS42 的引脚排列，$A_3 \sim A_0$ 是 4 个输入端，$\overline{Y}_9 \sim \overline{Y}_0$ 是 10 个输出端，其逻辑功能表可查阅相关资料。

3. 显示译码器

在数字系统中，通常要把测量和运算结果通过显示器显示出来。显示器的种类有多种，如液晶显示器、LED 点阵显示器、数码管显示器等。

数码管显示器简称数码管，其外形如图 5-42（a）所示，电路符号如图 5-42（b）所示。数码管显示的字符由 7 个字段组成，每个字段为 1 个发光二极管，控制不同字段的二极管发光，可显示不同的字符。图 5-42（b）中的引脚 3 和引脚 8 是公共端，接电源或接地，引脚 5 接字段 h，用于显示小数点，其余引脚分别接字段 a～g。

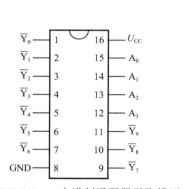

图 5-41 74LS42 二-十进制译码器引脚排列

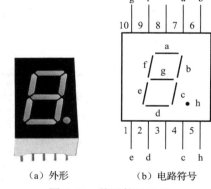

（a）外形　　（b）电路符号

图 5-42 数码管显示器

七段数码管显示器有共阳极和共阴极两种类型，如图 5-43 所示。共阳极的数码管需要将公共端接正电源，需要点亮某个字段时，在该字段对应的引脚上接低电平。共阴极的数码管需要将公共端接地或电源的负极，需要点亮某个字段时，在该字段对应的引脚上接高电平。

小功率发光二极管的导通电压一般为 1.7V 左右，工作电流为几到十几毫安。在实际应用中要加限流电阻，防止因电流过大而损坏，限流电阻的大小与显示译码器及电源电压的大小有关。

· 126 ·

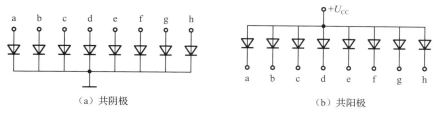

（a）共阴极　　　　　　　　　　　　（b）共阳极

图 5-43　数码管的两种类型

数码管在电路中的接法如图 5-44 所示，图中，译码器 74LS47 输出低电平有效，与共阳极数码管相连，其逻辑功能如表 5-17 所示。CD4511 输出高电平有效，接共阴极数码管。

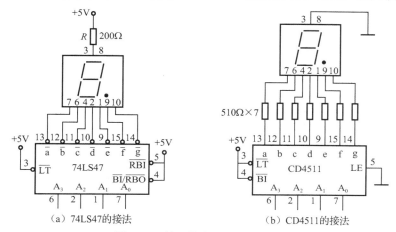

（a）74LS47的接法　　　　　　　　　　（b）CD4511的接法

图 5-44　数码管在电路中的接法

表 5-17　译码器 74LS47 的逻辑功能表

功能	输　　入							输　　出							显示
	$\overline{BI}/\overline{RBO}$	$\overline{LT}$	$\overline{RBI}$	A_3	A_2	A_1	A_0	$\overline{a}$	$\overline{b}$	$\overline{c}$	$\overline{d}$	$\overline{e}$	$\overline{f}$	$\overline{g}$	
灭灯	0	×	×	×	×	×	×	1	1	1	1	1	1	1	全灭
试灯	1	0	×	×	×	×	×	0	0	0	0	0	0	0	8
灭 0	1	1	0	0	0	0	0	1	1	1	1	1	1	1	灭 0
0	1	1	1	0	0	0	0	0	0	0	0	0	0	1	0
1	1	1	×	0	0	0	1	1	0	0	1	1	1	1	1
2	1	1	×	0	0	1	0	0	0	1	0	0	1	0	2
3	1	1	×	0	0	1	1	0	0	0	0	1	1	0	3
4	1	1	×	0	1	0	0	1	0	0	1	1	0	0	4
5	1	1	×	0	1	0	1	0	1	0	0	1	0	0	5
6	1	1	×	0	1	1	0	1	1	0	0	0	0	0	6
7	1	1	×	0	1	1	1	0	0	0	1	1	1	1	7
8	1	1	×	1	0	0	0	0	0	0	0	0	0	0	8
9	1	1	×	1	0	0	1	0	0	0	1	1	0	0	9

从表 5-17 中可以看出，$\overline{BI}$ 具有最高优先级。$\overline{BI}$ 为灭灯输入端，当 $\overline{BI}=0$ 时，各字段全灭。

$\overline{LT}$ 为试灯输入端，其优先级低于 $\overline{BI}$，在 $\overline{BI}=1$，且 $\overline{LT}=0$ 时，将各字段点亮。

$\overline{RBI}$ 为灭 0 输入端，其优先级更低，在 $\overline{BI}=1$、$\overline{LT}=1$，且 $\overline{RBI}=0$ 时，若 $A_3 \sim A_0$ 端输入为 0000，则控制译码器输出，使各字段熄灭。该功能用于熄灭在高位上无效的数字 0 或小数点后无效的数字 0，使显示的数字更简洁。若 $A_3 \sim A_0$ 端输入其他数字，则灭 0 功能不起作用。

$\overline{RBO}$ 为灭 0 输出端，在 $\overline{RBI}$ 作用下，灭 0 功能起作用时，从 $\overline{RBO}$ 端输出一个低电平信号到相邻译码器的 $\overline{RBI}$ 端，使相邻译码器也具有灭 0 功能。

在灭灯、灭 0、试灯输入端都不起作用时，译码器按照 $A_3 \sim A_0$ 端的输入信号，输出相应的控制信号，使数码管显示相应的数字。

练习与思考

5.5.1 什么是编码？什么是译码？

5.5.2 二进制编码（译码）与二-十进制编码（译码）有何不同？

5.5.3 显示译码器使用中需注意什么问题？

5.6 数据选择器与数据分配器*

5.6.1 数据选择器

数据选择器是能从多路输入信号中选择一路作为输出的电路，常用的数据选择器有 4 选 1、8 选 1 等。图 5-45 所示是 4 选 1 数据选择器的功能示意图和逻辑电路图，其中，$D_3 \sim D_0$ 是 4 路数据输入端，Y 是数据输出端，A_1、A_0 是地址选择输入端，由 A_1、A_0 的状态确定 $D_3 \sim D_0$ 中的哪一路数据送到 Y 端输出。

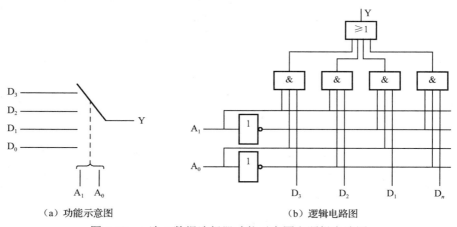

（a）功能示意图　　　　　　（b）逻辑电路图

图 5-45　4 选 1 数据选择器功能示意图和逻辑电路图

4 选 1 数据选择器的逻辑功能如表 5-18 所示，逻辑表达式为

$$Y = D_0 \overline{A_1}\,\overline{A_0} + D_1 \overline{A_1} A_0 + D_2 A_1 \overline{A_0} + D_3 A_1 A_0$$

表 5-18 4 选 1 数据选择器的逻辑功能表

D	A_1	A_0	Y
D_0	0	0	D_0
D_1	0	1	D_1
D_2	1	0	D_2
D_3	1	1	D_3

常见的集成数据选择器有 74LS151（8 选 1）、74LS153（双 4 选 1）、74LS157（四 2 选 1）、74LS251（8 选 1，三态）等。

集成数据选择器 74LS151 的引脚排列如图 5-46 所示，逻辑功能如表 5-19 所示，$D_7 \sim D_0$ 是 8 路数据输入端，Y、$\overline{Y}$ 是数据输出端，$A_3 \sim A_0$ 是地址选择输入端，$\overline{S}$ 是控制端。当 $\overline{S} = 1$ 时，数据选择器被禁止，输出 Y = 0；当 $\overline{S} = 0$ 时，数据选择接通，输出端的逻辑表达式为

$$Y = D_0\overline{A}_2\overline{A}_1\overline{A}_0 + D_1\overline{A}_2\overline{A}_1A_0 + D_2\overline{A}_2A_1\overline{A}_0 + D_3\overline{A}_2A_1A_0 +$$
$$D_4A_2\overline{A}_1\overline{A}_0 + D_5A_2\overline{A}_1A_0 + D_6A_2A_1\overline{A}_0 + D_7A_2A_1A_0$$

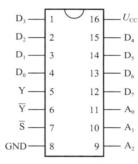

图 5-46 74LS151 的引脚排列

表 5-19 74LS151 的逻辑功能表

$\overline{S}$	A_2	A_1	A_0	D	Y
1	×	×	×	×	0
0	0	0	0	D_0	D_0
0	0	0	1	D_1	D_1
0	0	1	0	D_2	D_2
0	0	1	1	D_3	D_3
0	1	0	0	D_4	D_4
0	1	0	1	D_5	D_5
0	1	1	0	D_6	D_6
0	1	1	1	D_7	D_7

5.6.2 数据分配器

数据分配器将 1 路输入信号分配到多个输出端输出，任意时刻，只有 1 个输出端有输出

信号，其余输出端没有输出信号，其功能与数据选择器相反。图 5-47 所示是 1/4 线数据分配器的功能示意图和逻辑电路图，其中，D 是 1 路数据输入端，$Y_3 \sim Y_0$ 是 4 路数据输出端，A_1、A_0 是地址选择输入端，由 A_1、A_0 的状态确定 D 端的数据从 $Y_3 \sim Y_0$ 中的哪一端输出。

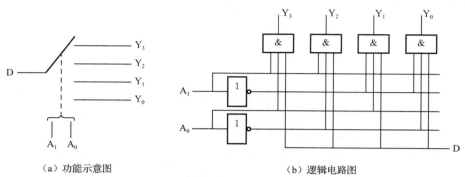

（a）功能示意图　　　　　（b）逻辑电路图

图 5-47　1/4 线数据分配器功能示意图和逻辑电路图

1/4 线数据分配器的逻辑功能如表 5-20 所示，逻辑表达式为

$$Y_0 = D\overline{A_1}\,\overline{A_0} \quad Y_1 = D\overline{A_1}A_0 \quad Y_2 = DA_1\overline{A_0} \quad Y_3 = DA_1A_0$$

表 5-20　1/4 线数据分配器的逻辑功能表

A_1	A_0	Y_3	Y_2	Y_1	Y_0
0	0	0	0	0	D
0	1	0	0	D	0
1	0	0	D	0	0
1	1	D	0	0	0

通常，不单独制作数据分配器，而是将二进制译码器作为数据分配器使用。因此，双 2/4 线译码器 74LS139、3/8 线译码器 74LS138、4/16 线译码器 74LS154 等都可改进为数据分配器使用。

5.7　可编程逻辑器件*

随着微电子技术与加工工艺的发展，数字集成电路已从电子管、晶体管、中小规模集成电路、大规模集成电路发展到专用集成电路（Application Specific Integrated Circuit，ASIC）。ASIC 的出现，极大提高了系统的可靠性，降低了生产成本，同时缩小了电路板的物理尺寸。但由于 ASIC 设计周期长、灵活性差、改版成本较高，在实际产品开发中其应用范围一直被制约着。20 世纪 70 年代，一种可由用户自行定义逻辑功能（编程）的逻辑器件——可编程逻辑器件（Programmable Logic Device，PLD）——应运而生，并得到了广泛的应用。PLD 芯片内的硬件资源和连线资源由制造厂生产好，用户借助相应的设计软件自行编程，然后通过下载电缆将程序写入芯片，实现所希望的数字系统功能。

5.7.1　PLD 的基本概念

由于用逻辑电路的一般符号很难描述可编程逻辑器件的内部电路，所以 PLD 电路有一些专用的表示符号。

1．PLD 连线

PLD 有 3 种导线连接方式，如图 5-48 所示。图 5-48（a）中的"•"表示硬线连接，即固定连接，芯片出厂时已被确定，用户不能改变。图 5-48（b）中的"×"表示可编程连接，芯片出厂时两线是连通的，用户编程时可根据需要将其断开（也称为擦除），或使其继续保持连通。图 5-48（c）表示两线是断开的，或是编程时被擦除过，两线已不再连通。

（a）固定连接　　　　　（b）编程连接　　　　　（c）断开连接

图 5-48　PLD 的连线形式

2．与门和或门

与门和或门的 PLD 表示法分别如图 5-49 和图 5-50 所示。与门和或门都分别有一条输入线和一条输出线，输入端的 A、B、C 称为输入变量，输出端的 Y 称为输出变量。与门的输入线又称为乘积线，或门的输入线又称为相加线。图中与门输出线的 Y = AC，或门输出线的 Y = A + C。

图 5-49　与门的 PLD 表示法　　　　　　　　　　图 5-50　或门的 PLD 表示法

3．输入互补缓冲器和输出三态缓冲器

输入互补缓冲器如图 5-51 所示。$Y_0 = \overline{A}$ 为反相缓冲器的输出，$Y_1 = A$ 为同相缓冲器的输出。输入互补缓冲器可提供互补的原变量和反变量，并可增强电路带负载的能力，主要用于 PLD 的输入电路和反馈输入电路。

输出三态缓冲器如图 5-52 所示。在使能控制信号（E）无效时，输出为高阻状态；在使能控制信号（E）有效时，输出 $Y = \overline{A}$。输出三态缓冲器主要用于 PLD 的输出电路。

在如图 5-53 所示的逻辑电路中，输出 Y_0、Y_1、Y_2 分别如下。

（1）$Y_0 = A\overline{A}B\overline{B}$，输入项 A、$\overline{A}$、B、$\overline{B}$ 均被编程连通，输出恒等于 0，此状态为与门编程的默认状态。

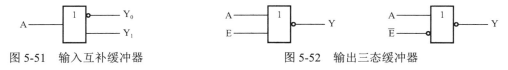

图 5-51　输入互补缓冲器　　　　　　　　　　图 5-52　输出三态缓冲器

（2）$Y_1 = 1$，输入项 A、$\overline{A}$、B、$\overline{B}$ 均不连通，与门保持"悬浮"的 1 状态。

（3）$Y_2 = A\overline{B}$，输入项 A、$\overline{B}$ 固定连接。

5.7.2 PLD 的基本结构

PLD 的基本结构框图如图 5-54 所示。两个逻辑门阵列（与阵列和或阵列）是其核心部分，通过对与阵列、或阵列的编程实现所需的逻辑功能。输入电路由输入互补缓冲器组成，有的 PLD 输入电路还包含锁存器或寄存器等时序电路。输出电路主要分为组合和时序两种方式，组合方式的或阵列经过输出三态缓冲器输出，时序方式的或阵列经过寄存器和三态门输出。有些电路可以根据需要将输出反馈到与阵列的输入端，以增加器件的灵活性。

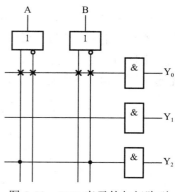

图 5-53 PLD 表示的与门阵列

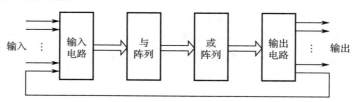

图 5-54 PLD 基本结构框图

图 5-55 所示为 PLD 基本电路结构，为简明起见，将输出三态门省略。

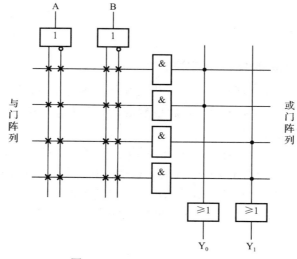

图 5-55 PLD 基本电路结构图

5.7.3 PLD 的基本类型

早期的 PLD 包括 PROM、PLA、PAL、GAL、PGA 等。PROM 的与阵列固定，或阵列可编程；PLA 的与阵列、或阵列均可编程；PAL 和 GAL 等的与阵列可编程，或阵列固定。这些 PLD 由于结构简单，只能实现规模较小的电路。随着芯片制造技术的发展和实际应用的需求，20 世纪 90 年代出现了更大规模的 PLD 产品，如复杂可编程逻辑器件（Complex Programmable Logic Device，CPLD）和现场可编程门阵列（Field Programmable Gate Array，FPGA）。

目前常用的 PLD 主要有简单的逻辑阵列（PAL/GAL）、复杂可编程逻辑器件 CPLD 和现场可编程门阵列（FPGA）三大类。

可编程阵列逻辑（Programmable Array Logic，PAL）是一种与阵列可以编程、或阵列固定的逻辑器件，即每个输出是若干与项之和，其中与项包含的变量可以编程选择。PAL 的数据输入/输出端和与项的数目在出厂时是固定好的。图 5-56 所示为每个输出与项是 2 个的 PAL 的设计图。该设计实现了 3 个输出的组合函数：

$$Y_0 = \overline{A}B + B\overline{C}$$
$$Y_1 = AB + \overline{A}\overline{B}$$
$$Y_2 = AC + B\overline{C}$$

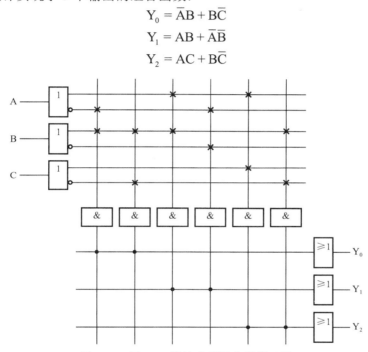

图 5-56　用 PAL 设计实现组合逻辑函数

通用可编程阵列逻辑（Generic Array Logic，GAL）是继 PAL 之后在 20 世纪 80 年代中期推出的一种低密度可编程逻辑器件。GAL 与 PAL 相似，其与阵列可编程，或阵列固定连接。GAL 与 PAL 的不同之处在于：GAL 既可用作组合逻辑器件，也可用作时序逻辑器件；GAL 的输出引脚既可作为输出端，也可配置成输入端。此外，GAL 还可设置加密位，以防他人对阵列组态模式及信息进行非法复制。

复杂可编程逻辑器件（CPLD）是在 PAL/GAL 的基础上发展起来的。由可编程 I/O 单元、基本逻辑单元、布线池和其他辅助功能模块构成，其可编程逻辑单元密度较 PAL/GAL 有大幅度提升，一般可以完成相对复杂和较高速度的逻辑功能，如接口转换、总线控制等。与下面介绍的 FPGA 相比，其优点是它的内部引脚连线的延时固定、成本低、保密性好；缺点是触发器数量少，不适于复杂的时序逻辑功能。

现场可编程门阵列（FPGA）是在 CPLD 基础上发展起来的新型高效能可编程逻辑器件。FPGA 逻辑复杂度高，器件密度从数万系统门到数千万系统门不等，可以完成复杂的时序与组合逻辑电路功能。FPGA 的基本组成部分有可编程 I/O、基本可编程逻辑单元、嵌入式块 RAM、丰富的布线资源、IP 硬核、各种底层内嵌功能单元等。FPGA 的缺点是时序难规划，一般需要通过时序约束、静态时序分析、时序仿真等手段提高并验证时序性能，因此对 PFGA 而言，时序约束和仿真很重要。

FPGA 具有功能强大、开发周期短、可反复编程修改、开发工具智能化等优点，特别是加工工艺的不断改进，使 FPGA 成为当今硬件设计的首选方式之一。

5.8 Multisim 14 仿真实验 编码、译码与数字显示

1. 实验内容

将图 5-39 中由 74LS147 构成的编码器电路和图 5-44（a）中由 74LS47 构成的 BCD 译码器、数码管显示电路合并到一起，用 Multisim 进行仿真实验。以便于熟悉数字电路的构建和实验方法，并验证所学理论知识。

2. 实验步骤

（1）构建电路

选取并放置编码器 74LS147N、译码器 74LS47N 的电路符号（类型为 TTL/74LS）。在 74LS147N 和 74LS47N 的电路符号中，电源 VCC 和接地 GROUND 是隐藏的。

选取并放置电源 VCC（类型为 Sources/POWER_SOURCE，VCC），其电压值为 5V。选取并放置接地符号 GROUND。放置 VCC 和 GROUND 后，它们将建立与所有隐藏的 VCC 和 GROUND 引脚的连接关系。

选取并放置 9 个电阻 R1～R9，阻值均为 1kΩ。

选取并放置 9 个开关 S1～S9（类型为 Basic/SWITCH，SPST），并将其键值分别设置为 A～I。

选取并放置 74LS04N，在 74LS04N 中包括 6 个非门，选用其中的 4 个。

选取并放置 1 个七段共阳极数码管（类型为 Indicators/HEX_DISPLAY，SEVEN_SEG_COM_A）和 1 个 100Ω 的限流电阻 R10。

连接各元件，构成图 5-57 所示的实验电路。

（2）运行图 5-57 所示的实验电路，按下不同的按键 A～I，数码管就显示不同的数字。

练习与思考

用 Multisim 构建实验电路，验证各种门电路（与门、或门、与非门、或非门等）的逻辑功能。

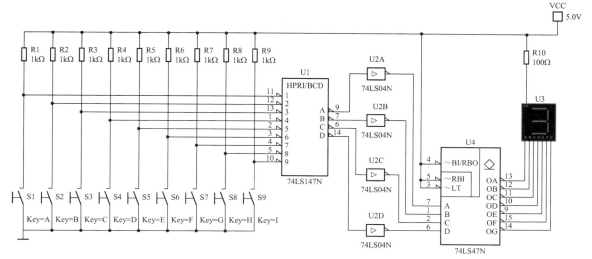

图 5-57　编码、译码与数字显示电路

本 章 小 结

1. 数字电路是处理数字信号的电路。数字电路的研究对象是电路中输入信号和输出信号的逻辑关系。与、或、非是三种基本的逻辑关系，将它们组合起来，就构成与非、或非等复合逻辑关系。

2. 与门、或门、非门、与非门、或非门、异或门、同或门是基本门电路。

3. 数字电路的功能可以用真值表、逻辑函数表达式、逻辑电路图、波形图等表示。

4. 逻辑代数是分析数字电路的数学工具。利用公式法或卡诺图法可将逻辑函数式化简，以得到最简逻辑函数式。

5. 组合逻辑电路是由门电路组合而成的，其主要特点是任何时刻的输出只与当时的输入有关，与电路的原状态无关。组合逻辑电路的分析是根据给定的逻辑电路图，分析其逻辑功能。组合逻辑电路的设计是根据给定的设计要求，设计出符合要求的电路。

6. 常用的组合逻辑电路有加法器、编码器、译码器、数据选择器与数据分配器等，应掌握其集成电路产品的应用。

习　　题

5-1　"见 1 得 0，全 0 得 1"（即输入端有 1 时，输出为 0；输入端全为 0 时，输出为 1），是（　　）的逻辑功能。

　　A．与门　　　　　　B．或门　　　　　　C．与非门　　　　　D．或非门

5-2　三态门是 TTL 与非门的一个特例，其 3 种输出状态中不包括下列哪种状态？（　　）

　　A．低电平　　　　　B．高电平　　　　　C．低阻状态　　　　D．高阻状态

5-3　TTL 电路中与非门多余的输入端该如何处理？应当接（　　）。

　　A．高电平　　　　　B．低电平　　　　　C．悬空　　　　　　D．地

5-4　图 5-58 中 A、B 是门电路的输入信号，Y_1、Y_2 是门电路的输出信号。Y_1 对应的门

电路是（　　），Y_2 对应的门电路是（　　）。

　　　　A．与非门　　　　　B．或门　　　　　C．异或门　　　　　D．同或门

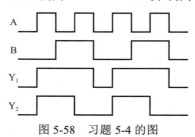

图 5-58　习题 5-4 的图

5-5　逻辑函数式 $Y = \overline{A} + \overline{AB} + \overline{B}$ 化简后的结果为（　　）。

　　　　A．$Y = \overline{A}$　　　　B．$Y = \overline{B}$　　　　C．$Y = AB$　　　　D．$Y = B$

5-6　能将输入信号转变成二进制代码的电路称为（　　）。

　　　　A．译码器　　　　B．编码器　　　　C．数据选择器　　　　D．数据分配器

5-7　图 5-59 中 A、B 是门电路的输入信号，Y_1、Y_2、Y_3 分别是与门、或门、同或门的输出信号，试画出其波形。

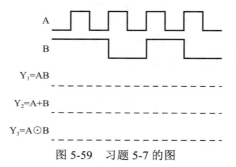

图 5-59　习题 5-7 的图

5-8　用代数法化简下列逻辑函数式：

（1）$Y = \overline{AB + \overline{A} + \overline{B}}$

（2）$Y = A\overline{B} + A\overline{C} + A\overline{D} + BCD$

（3）$Y = AB + \overline{A}C + BCD$

（4）$Y = \overline{AB} + \overline{A}C + \overline{B}D$

5-9　用逻辑代数运算法则或真值表证明下列各式：

（1）$\overline{A}\overline{B} + \overline{A}B + A\overline{B} = \overline{A} + \overline{B}$

（2）$ABC + \overline{A} + \overline{B} + \overline{C} = 1$

（3）$ABC + \overline{A}\overline{B}\overline{C} = \overline{\overline{A}B + B\overline{C} + C\overline{A}}$

（4）$A\overline{B} + \overline{A}B = \overline{AB + \overline{A}\overline{B}}$

5-10　用卡诺图化简下列逻辑函数式：

（1）$Y = A\overline{B} + \overline{A}B + B\overline{C} + \overline{B}C$

（2）$Y = \overline{A}\overline{B}C + A\overline{B}\overline{C} + A\overline{B}C + ABC$

（3）$Y = A + \overline{A}B + \overline{A}\overline{B}C + \overline{A}\overline{B}\overline{C}D$

（4）$Y = \overline{A}\overline{C} + AC + A\overline{B}\overline{C}\overline{D} + \overline{A}BC\overline{D}$

5-11　逻辑电路如图 5-60 所示，试写出 Y 的逻辑表达式。

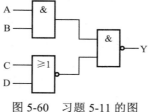

图 5-60　习题 5-11 的图

5-12 根据下列各逻辑表达式画出相应的逻辑图：

(1) $Y = AB + AC$ (2) $Y = \overline{AB} + A\overline{C}$

5-13 画出用与非门实现下列逻辑表达式的逻辑图：

(1) $Y = AB + C$ (2) $Y = \overline{AB} + \overline{C}$

5-14 逻辑电路如图 5-61 所示，试分析其逻辑功能。

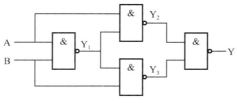

图 5-61 习题 5-14 的图

5-15 逻辑电路如图 5-62 所示，试分析其逻辑功能。

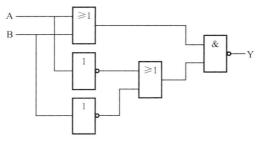

图 5-62 习题 5-15 的图

5-16 已知某组合逻辑电路输入 A、B、C 和输出 Y 的波形如图 5-63 所示，试写出 Y 的表达式并进行化简。

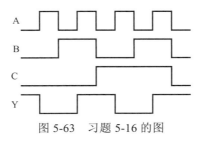

图 5-63 习题 5-16 的图

5-17 试设计一个半加器，要求能实现两个 1 位二进制数的加法运算，不考虑低位来的进位，只考虑本位相加的结果和进位。

5-18 有 3 人参与某项表决，其中 A 为组长，B、C 为组员。至少 2 人通过（必须包括组长在内），表决才能通过。用 1 表示通过，用 0 表示不通过。试用与非门电路实现上述功能。要求：（1）列出真值表；（2）写出逻辑表达式并进行化简；（3）按要求画出实现上述功能的逻辑电路。

5-19 设 A、B、C 为 3 个二进制数，且 $X = 4A + 2B + C$。试设计一判别电路实现下列判别条件：$0 \leqslant X < 5$。若条件满足，输出 $Y = 1$；否则，$Y = 0$。要求：（1）写出逻辑状态表；（2）画出卡诺图；（3）由卡诺图写出最简逻辑表达式；（4）画出逻辑电路图。

5-20 由 74LS48 构成的译码、显示电路如图 5-64 所示，数码管为共阴极接法。求：

（1）当显示数字 9 时，译码器输入 A3～A0 的值；（2）译码器输出段码 a～g 的值。

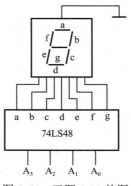

图 5-64　习题 5-20 的图

第6章 触发器与时序逻辑电路

组合逻辑电路的输出仅与当前的输入状态有关,与电路的原状态无关。而时序逻辑电路的输出不仅取决于当前的输入,而且与电路的原状态有关,即组合逻辑电路没有记忆功能,而时序电路具有记忆功能。这是它们的主要区别。本章先介绍时序逻辑电路的基本单元——触发器——的组成原理,然后介绍寄存器、计数器等典型时序逻辑电路的分析和设计方法。

6.1 双稳态触发器

双稳态触发器具有两个稳定状态,即 0 态和 1 态。它是最基本的具有记忆功能的逻辑单元电路。其输出由当前的输入信号和原状态确定,当输入信号消失后,输出状态能保存下来。触发器的种类很多,有 RS、JK、D、T 触发器等。下面分别介绍。

6.1.1 基本 RS 触发器

基本 RS 触发器由两个与非门 G_1、G_2 构成,如图 6-1(a)所示,逻辑符号如图 6-1(b)所示。

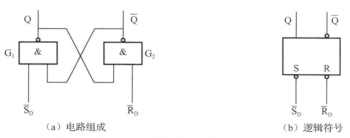

（a）电路组成 （b）逻辑符号

图 6-1 基本 RS 触发器的电路组成和逻辑符号

Q 和 $\overline{Q}$ 是触发器的两个输出端,它们的逻辑状态相反。当 Q = 0,$\overline{Q}$ = 1 时,称触发器处于 0 态;当 Q = 1,$\overline{Q}$ = 0 时,称触发器处于 1 态。逻辑符号中 $\overline{Q}$ 端的小圆圈代表与 Q 端输出状态相反。

$\overline{S}_D$ 是直接置 1 端或置位端,$\overline{R}_D$ 是直接置 0 端或复位端。$\overline{S}_D$ 和 $\overline{R}_D$ 都是低电平输入有效,所以在其文字符号上加一个非号,并且在其图形符号上画一个小圆圈。无信号时,$\overline{S}_D$ 和 $\overline{R}_D$ 都处于 1 态。

由图 6-1(a)可写出基本 RS 触发器输出与输入的逻辑关系式:

$$Q = \overline{\overline{S}_D \overline{Q}} \tag{6-1}$$

$$\overline{Q} = \overline{\overline{R}_D Q} \tag{6-2}$$

下面分析在各种输入状态下,触发器的逻辑功能。

(1) $\overline{S}_D = 0$,$\overline{R}_D = 1$

因 $\overline{S}_D = 0$,由式(6-1)可得,Q = 1;再由 $\overline{R}_D = 1$、Q = 1,根据式(6-2)可得,$\overline{Q} = 0$,

即触发器处于 1 态。此时，不论触发器的原状态为何，输出状态置 1。

（2）$\overline{S}_D = 1$，$\overline{R}_D = 0$

用与（1）相同的分析方法可知，此时，不论触发器的原状态为何，输出状态置 0。

（3）$\overline{S}_D = 1$，$\overline{R}_D = 1$

若触发器原状态为 1 态，即 $Q = 1$，$\overline{Q} = 0$。因 $\overline{S}_D = 1$，$\overline{Q} = 0$，由式（6-1）可得，$Q = 1$，Q 的状态不变；再由 $\overline{R}_D = 1$，$Q = 1$，根据（6-2）可得，$\overline{Q} = 0$，$\overline{Q}$ 的状态不变。

若触发器原状态为 0 态，即 $Q = 0$，$\overline{Q} = 1$。因 $\overline{S}_D = 1$，$\overline{Q} = 1$，由式（6-1）可得，$Q = 0$，Q 的状态不变；再由 $\overline{R}_D = 1$，$Q = 0$，根据式（6-2）可得，$\overline{Q} = 1$，$\overline{Q}$ 的状态不变。

此时，触发器保持原状态不变。

（4）$\overline{S}_D = 0$，$\overline{R}_D = 0$

此时，Q 和 $\overline{Q}$ 端的输出都为 1，违反了 Q 和 $\overline{Q}$ 端逻辑状态相反的规定。并且，当 $\overline{S}_D$ 和 $\overline{R}_D$ 端的低电平同时消失时（即同时由 0 变为 1 时），Q 和 $\overline{Q}$ 端的输出状态将完全由门电路的传输延迟时间确定，输出状态是不确定的。因此，这种输入状态是被禁止的。

根据以上分析，可得出基本 RS 触发器的逻辑功能表，如表 6-1 所示。

表 6-1　基本 RS 触发器的逻辑功能表

$\overline{S}_D$	$\overline{R}_D$	Q	功　　能
0	1	1	置 1
1	0	0	置 0
1	1	不变	保持
0	0	禁用	

基本 RS 触发器的逻辑功能也可用图 6-2 所示示例来说明（假定 Q 的初始状态为 0）。

6.1.2　可控 RS 触发器

在数字系统中，为了协调各部分的动作顺序，或为了使电路的各部分同步动作，需要引入时钟信号。时钟信号也称为时钟脉冲信号或时钟脉冲，或称为同步信号。在时钟脉冲控制下工作的触发器称为钟控触发器或可控触发器。

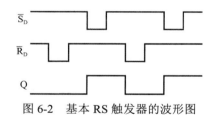

图 6-2　基本 RS 触发器的波形图

可控 RS 触发器由 4 个与非门组成，其电路组成如图 6-3（a）所示，图 6-3（b）为其逻辑符号。图中，G_1、G_2 组成基本 RS 触发器；G_3、G_4 组成导引电路；CP 为时钟信号，控制导引电路的工作状态；S 为置位端或置 1 端；R 为复位端或置 0 端。S 端和 R 端都是高电平输入有效，低电平为无信号状态。在逻辑符号中，这两个输入端都不用画小圆圈。

$\overline{S}_D$ 和 $\overline{R}_D$ 是直接置位端和复位端，它们不受 CP 脉冲控制，在 $\overline{S}_D$ 端或 $\overline{R}_D$ 端分别接低电平 0，就可实现直接置 1 或置 0。这种不受 CP 脉冲控制的工作方式称为异步工作方式，而受 CP 脉冲控制的工作方式称为同步工作方式。只有在需要置位和复位（如工作之初，预先使触发器处于某一给定状态）时，才会在 $\overline{S}_D$ 端或 $\overline{R}_D$ 端输入低电平，平时它们都处于高电平状态，对输出端无影响。

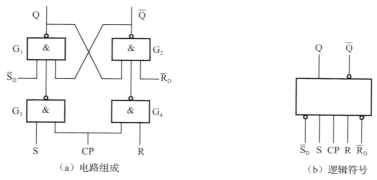

（a）电路组成　　　　　　　　　　（b）逻辑符号

图 6-3　可控 RS 触发器的组成及逻辑符号

当 CP = 0 时，不论 S、R 端的状态如何，与非门 G_3 和 G_4 的输出都为 1，G_1 和 G_2 的输出状态保持不变。当 CP = 1 时，S、R 端的输入信号才能通过与非门 G_3 和 G_4，影响 G_1 和 G_2 的输出。CP 脉冲的这种控制方式称为电平触发，即在 CP 脉冲为高电平期间，输出才能变化。在逻辑符号中，CP 端不加小圆圈，代表高电平触发。

下面讨论 CP = 1 时，在各种不同输入状态下，触发器的逻辑功能。

（1）S = 1，R = 0

此时，与非门 G_3 输出为 0，G_4 输出为 1，对于 G_1、G_2 构成的基本 RS 触发器，相当于 $\overline{S}_D = 0$，$\overline{R}_D = 1$，因此，Q = 1，$\overline{Q} = 0$，触发器置 1。

（2）S = 0，R = 1

此时，与非门 G_3 输出为 1，G_4 输出为 0，对于 G_1、G_2 构成的基本 RS 触发器，相当于 $\overline{S}_D = 1$，$\overline{R}_D = 0$，因此，Q = 0，$\overline{Q} = 1$，触发器置 0。

（3）S = 0，R = 0

此时，与非门 G_3 输出为 1，G_4 输出为 1，对于 G_1、G_2 构成的基本 RS 触发器，相当于 $\overline{S}_D = 1$，$\overline{R}_D = 1$，因此，触发器保持原状态不变。

（4）S = 1，R = 1

此时，与非门 G_3 输出为 0，G_4 输出为 0，对于 G_1、G_2 构成的基本 RS 触发器，相当于 $\overline{S}_D = 0$，$\overline{R}_D = 0$，这种输入状态是不允许的。

根据以上分析，可得出可控 RS 触发器的逻辑功能表，如表 6-2 所示。

表 6-2　可控 RS 触发器的逻辑功能表

S	R	Q	功　能
1	0	1	置 1
0	1	0	置 0
0	0	不变	保持
1	1	禁用	

可控 RS 触发器的逻辑功能也可用图 6-4 所示示例来说明（假定 Q 的初始状态为 0）。

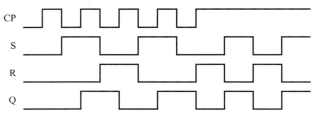

图 6-4　可控 RS 触发器的波形图

从图 6-4 中可以看出，在 CP = 1 期间，若输入信号发生变化，输出状态也随之改变。这种现象称为"空翻"，会造成逻辑混乱。要解决这个问题，有以下两种处理方式：一种是严格限制 CP 脉冲的宽度，并限制在 CP = 1 期间，输入信号不能发生改变；另一种是采用特殊设计的电路，使触发器只在 CP 脉冲的某个边沿（上升沿或下降沿）对输入信号采样，并立即传送到输出端，在其他时间段不对输入信号采样，输入信号的变化就不影响输出，可避免产生空翻现象。这种触发器被称为边沿触发器。

6.1.3　JK 触发器

按照触发方式的不同，JK 触发器可分为以下三种。边沿触发的 JK 触发器；脉冲触发的主从 JK 触发器；具有数据锁定功能的主从 JK 触发器。它们的逻辑功能相同，只是触发方式不同。下面分别介绍。

图 6-5 是边沿触发的 JK 触发器的逻辑符号。其中，Q 和 $\overline{Q}$ 是输出端；J、K 是输入端，高电平输入有效；$\overline{S}_D$ 和 $\overline{R}_D$ 是不受 CP 脉冲控制的异步直接置位端和复位端；CP 是时钟脉冲信号，小三角形符号表示边沿触发方式，若再加小圆圈，表示下降沿触发，不加小圆圈则表示上升沿触发。

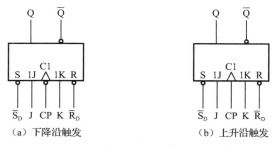

（a）下降沿触发　　　　　　　　（b）上升沿触发

图 6-5　边沿触发的 JK 触发器的逻辑符号

表 6-3 是 JK 触发器的逻辑功能表。表中，Q^n 表示触发器的原状态，Q^{n+1} 表示在 CP 脉冲作用后触发器的新状态。从表中可见，JK 触发器具有如下的逻辑功能。

（1）J = 1，K = 0 时，在 CP 脉冲作用后，触发器的状态置 1。

（2）J = 0，K = 1 时，在 CP 脉冲作用后，触发器的状态置 0。

（3）J = 0，K = 0 时，在 CP 脉冲作用后，触发器的状态保持不变。

（4）J = 1，K = 1 时，在 CP 脉冲作用后，触发器的状态翻转。在这种输入状态下，每来一个 CP 脉冲，触发器的状态翻转一次，这种功能可用于计数（参见 6.3 节）。

表 6-3　JK 触发器的逻辑功能表

J	K	Q^{n+1}	功　能
1	0	1	置 1
0	1	0	置 0
0	0	Q^n	保持
1	1	$\overline{Q}^n$	计数

图 6-6 为下降沿触发的 JK 触发器的波形图（假定 Q 的初始状态为 0）。图中，触发器状态的翻转都发生在 CP 脉冲的下降沿，并且根据下降沿时刻的 J、K 输入状态翻转，因此要求在 CP 脉冲下降沿前后一段时间内输入信号要保持稳定。

图 6-7 为上升沿触发的 JK 触发器的波形图。图中，触发器状态的翻转都发生在 CP 脉冲的上升沿，并且根据上升沿时刻的 J、K 输入状态翻转，因此要求在 CP 脉冲上升沿前后一段时间内输入信号要保持稳定。

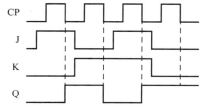
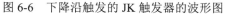
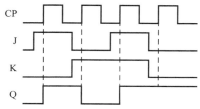

图 6-6　下降沿触发的 JK 触发器的波形图　　　　图 6-7　上升沿触发的 JK 触发器的波形图

集成电路 74LS112 中包含两个下降沿触发的边沿 JK 触发器，其引脚排列如图 6-8 所示。

主从型的 JK 触发器内部由两个可控 RS 触发器串联组成，分别称为主触发器和从触发器。时钟脉冲先使主触发器翻转，而后使从触发器翻转，且主、从触发器状态一致。

图 6-9 是脉冲触发的主从 JK 触发器的逻辑符号。图 6-9（a）是正脉冲触发的主从 JK 触发器，在 CP 脉冲的高电平期间接收输入信号，并将结果保存在主触发器中，在 CP 脉冲的下降沿将保存在主触发器中的结果送到从触发器中，使 Q 和 $\overline{Q}$ 翻转。逻辑符号中的"「"表示时间延迟的意思，即 CP 高电平期间采样输入信号，保持到下降沿再送到输出端 Q 和 $\overline{Q}$。这种触发器存在空翻现象，在 CP = 1 期间，若输入信号变化，保存在主触发器中的结果会发生变化。由于触发器具有记忆功能，保存在主触发器中的结果并不一定由最终的输入状态决定，可能由前面的某种输入状态决定。

图 6-9（b）是负脉冲触发的主从 JK 触发器，其工作过程与正脉冲触发的主从 JK 触发器相反。

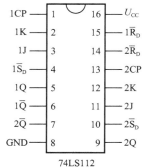

图 6-8　74LS112 的引脚排列

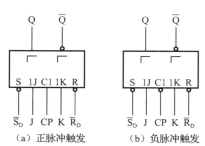

（a）正脉冲触发　　（b）负脉冲触发

图 6-9　脉冲触发的主从 JK 触发器的逻辑符号

集成电路 SN74107 中包含两个正脉冲触发的主从 JK 触发器,其引脚排列如图 6-10 所示。

图 6-11 是具有数据锁定功能的主从 JK 触发器的逻辑符号。与图 6-9 相比,图 6-11 的 CP 脉冲输入端增加了 1 个小三角形符号,它表示在 CP 脉冲的边沿采样 J、K 输入信号。

图 6-11(a)是下降沿触发数据锁定主从 JK 触发器的逻辑符号,它在 CP 脉冲的上升沿采样 J、K 输入信号,并将结果保存在主触发器中,在 CP 脉冲的下降沿,将保存在主触发器中的结果送到从触发器中,使 Q 和 $\overline{Q}$ 翻转。这种触发器只在上升沿处瞬时采样输入信号,只要输入信号在上升沿处的很短一段时间内保持稳定即可,它不存在空翻现象。逻辑符号中的"┌"表示时间延迟的意思,即 CP 上升沿采样输入信号,保持到下降沿再送到输出端 Q 和 $\overline{Q}$。

图 6-11(b)是上升沿触发数据锁定主从 JK 触发器的逻辑符号,其工作过程与下降沿触发的主从 JK 触发器相反。

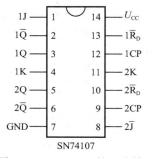

图 6-10　SN74107 的引脚排列

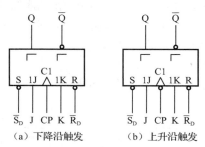

（a）下降沿触发　（b）上升沿触发

图 6-11　数据锁定主从 JK 触发器的逻辑符号

集成电路 SN74111 中包含两个下降沿触发数据锁定主从 JK 触发器,其引脚排列如图 6-10 所示。

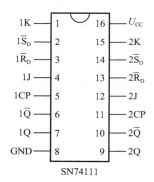

图 6-12　SN74111 的引脚排列

JK 触发器是一种功能比较完善、应用极为广泛的触发器。由于内部电路结构不同的触发器具有不同的触发特性,所以一定要清楚其逻辑符号所代表的含义。在一些教材中,边沿 JK 触发器和主从 JK 触发器都采用图 6-5 所示的符号。按照国标 GB/T 4728.1-2005 的规定,脉冲触发的主从 JK 触发器应采用图 6-9 所示的符号,数据锁定主从 JK 触发器应采用图 6-11 所示的符号。

6.1.4　D 触发器

图 6-13 是边沿触发的 D 触发器的逻辑符号,其中,Q 和 $\overline{Q}$ 是输出端;D 是输入端;$\overline{S}_D$ 和

$\overline{R}_D$ 端是不受 CP 脉冲控制的异步直接置位和复位端；CP 是时钟脉冲信号，小三角形符号表示边沿触发方式，若再加小圆圈，表示下降沿触发，不加小圆圈则表示上升沿触发。国产 D 触发器以上升沿触发应用较多。

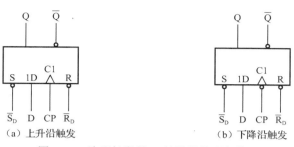

（a）上升沿触发　　　　　　　（b）下降沿触发

图 6-13　边沿触发的 D 触发器的逻辑符号

表 6-4 是 D 触发器的逻辑功能表。表中，Q^{n+1} 表示在 CP 脉冲作用后触发器的新状态。由表可知，Q^{n+1} 取决于信号 D 的状态。

表 6-4　D 触发器的逻辑功能表

D	Q^{n+1}	功　　能
1	1	置 1
0	0	置 0

图 6-14 为上升沿触发的 D 触发器的波形图。图中，触发器状态的翻转都发生在 CP 脉冲的上升沿，并且根据上升沿时刻的 D 输入状态翻转。因此，在 CP 脉冲上升沿前后一段时间内输入信号要保持稳定。这种触发器不产生空翻现象。

集成电路 74LS74 中包含两个上升沿触发的 D 触发器，其引脚排列如图 6-15 所示。其他的 D 触发器有 CD4013、74LS174、74LS175、74LS273 等。

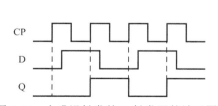

图 6-14　上升沿触发的 D 触发器的波形图

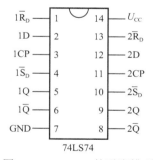

74LS74

图 6-15　74LS74 的引脚排列

6.1.5　触发器逻辑功能的转换

1. JK 触发器转换成 T、T′ 触发器

图 6-16 是边沿触发的 T 触发器的逻辑符号。表 6-5 是其逻辑功能。从表中看出，当 T = 0 时，输出保持不变；当 T = 1 时，每到来一个 CP 脉冲，输出状态翻转一次。

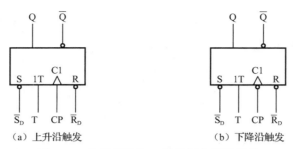

（a）上升沿触发　　　　　　　　（b）下降沿触发

图 6-16　边沿触发的 T 触发器的逻辑符号

表 6-5　T 触发器的逻辑功能表

T	Q^{n+1}	功　能
0	Q^n	保持
1	$\overline{Q^n}$	计数

当 T 端保持为 1 时，T 触发器就称为 T′触发器，这种触发器常用作计数器。

图 6-17 为由 JK 触发器转换为 T 触发器的连接方式，只要将 J、K 两个输入端连接到一起，就构成 T 触发器。

2．D 触发器转换成 T′触发器

图 6-18 为由 D 触发器转换为 T′触发器的连接方式，只要将 $\overline{Q}$ 端连接到 D 端，就构成 T′触发器。其工作过程可由读者自行分析。

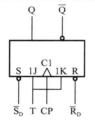

图 6-17　由 JK 触发器转换为 T 触发器

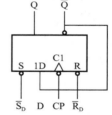

图 6-18　由 D 触发器转换为 T′触发器

3．JK 触发器转换成 D 触发器

图 6-19 为由 JK 触发器转换为 D 触发器的连接方式，只要通过一个非门将 J、K 端分别连接到 D 端，就构成 D 触发器。其工作过程可由读者自行分析。

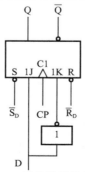

图 6-19　由 JK 触发器转换为 D 触发器

6.2 寄存器

寄存器是用来存放数据的部件，由多个触发器组成。一个触发器只能寄存一位二进制数，所以寄存 n 位二进制数就需要 n 个触发器。常用的寄存器有 4 位、8 位、16 位等。

按照数据输入方式的不同，寄存器可分为并行和串行两种。并行输入方式的寄存器有多个输入端，在寄存指令控制下，各位数据同时输入寄存器中。串行输入方式的寄存器只有一个输入端，在寄存指令控制下，各位数据逐位输入，这种输入方式也称为移位输入。

寄存器的输出方式也有并行和串行两种。并行输出方式的寄存器有多个输出端，各位数据同时输出；串行输出方式的寄存器只有一个输出端，各位数据逐位输出。

寄存器有数码寄存器和移位寄存器之分。数码寄存器通常是并行输入、并行输出方式，存取数据比较简单；移位寄存器通常是串行输入、串行输出方式，存取数据比较复杂。有一些寄存器芯片既能并行输入、输出，也能串行输入、输出。

6.2.1 数码寄存器

数码寄存器只具有寄存和清除数码的功能，结构比较简单。

图 6-20 是由 4 个 D 触发器构成的 4 位数码寄存器。图中，$D_3 \sim D_0$ 是 4 位数码并行输入端，$Q_3 \sim Q_0$ 是 4 位数码并行输出端，CP 是时钟脉冲输入端，$\overline{R}_D$ 端是异步清零端。

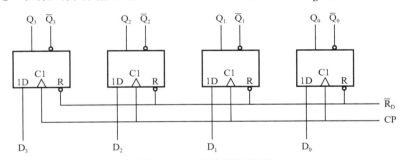

图 6-20　4 位数码寄存器

在 CP = 0 期间，数据 $D_3 \sim D_0$ 送到寄存器的输入端。在 CP 脉冲的上升沿，数据 $D_3 \sim D_0$ 保存到触发器中。若数据 $D_3 \sim D_0 = 1011$，根据 D 触发器的逻辑功能，寄存器的输出为 $Q_3 \sim Q_0 = 1011$。

在 $\overline{R}_D$ 端输入低电平，就能使寄存器的输出清零，该清零信号不受 CP 脉冲控制，故称为异步清零端。

图 6-21 是 4 位数码寄存器 74LS175 的逻辑符号。74LS175 内部包含 4 个 D 触发器，其内部结构与图 6-20 所示数码寄存器的结构相似。

数码寄存器也可由 RS 触发器或 JK 触发器构成。

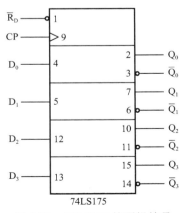

图 6-21　74LS175 的逻辑符号

6.2.2 移位寄存器

大部分移位寄存器除具有串行输入、串行输出功能外，还具有并行输入或并行输出的功能，有些移位寄存器还具有左移或右移功能，或兼有以上多种功能。

图 6-22 是由 D 触发器构成的 4 位左移位寄存器，D_0 是串行数据输入端，Q_3 是串行数据输出端，$Q_3 \sim Q_0$ 是 4 位数码并行输出端，CP 是时钟脉冲输入端，$\overline{R}_D$ 是异步清零端。电路中，前一个触发器的输出端连接至后一个触发器的输入端，用前一个触发器的输出信号作为后一个触发器的输入信号。

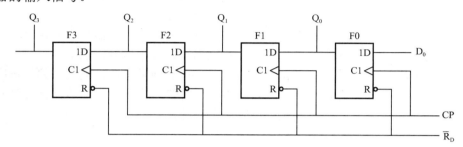

图 6-22　4 位左移位寄存器

下面通过一个 4 位二进制数 $d_3d_2d_1d_0 = 1011$ 的逐位输入和输出过程，说明左移位寄存器的工作原理。

首先将寄存器清零，$Q_3 \sim Q_0 = 0000$，然后将最高位的 $d_3 = 1$ 放置到 D_0 端，在第 1 个 CP 脉冲的上升沿，将其保存到触发器 F0 的输出端。同时，各触发器的输出都左移 1 位，$Q_3 \sim Q_0 = 0001$。

再将次高位的 $d_2 = 0$ 放置到 D_0 端，在第 2 个 CP 脉冲的上升沿，将其保存到触发器 F0 中。同时，各触发器的输出都左移 1 位，$Q_3 \sim Q_0 = 0010$。

再将 $d_1 = 1$ 放置到 D_0 端，在第 3 个 CP 脉冲的上升沿，将其保存到触发器 F0 中。同时，各触发器的输出都左移 1 位，$Q_3 \sim Q_0 = 0101$。

最后，将 $d_0 = 1$ 放置到 D_0 端，在第 4 个 CP 脉冲的上升沿，将其保存到触发器 F0 中。同时，各触发器的输出都左移 1 位，$Q_3 \sim Q_0 = 1011$。从而实现了将 $d_3d_2d_1d_0 = 1011$ 逐位移入寄存器中。

为了输出数据，在 D_0 端补数据 0，在第 5、6、7、8 个脉冲的作用下，数据 $d_3d_2d_1d_0 = 1011$ 从 Q_3 端逐位移出。

数据 $d_3d_2d_1d_0 = 1011$ 的移入和移出过程，可用表 6-6 和图 6-23 进行说明。

表 6-6　4 位左移位寄存器的工作过程

D_0	CP	Q_3	Q_2	Q_1	Q_0
0	0	0	0	0	0
1	1	0	0	0	1
0	2	0	0	1	0
1	3	0	1	0	1
1	4	1	0	1	1

D_0	CP	Q_3	Q_2	Q_1	Q_0
0	5	0	1	1	0
0	6	1	1	0	0
0	7	1	0	0	0
0	8	0	0	0	0

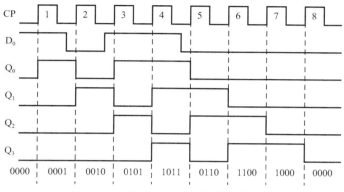

图 6-23　4 位左移位寄存器的工作过程

图 6-24 是 8 位串行输入/并行输出移位寄存器 74LS164 的逻辑符号，D_A、D_B 相与作为串行移位输入信号，$Q_7 \sim Q_0$ 是 8 位数码并行输出端，CP 是时钟脉冲输入端，$\overline{R}_D$ 端是异步清零端。

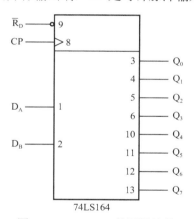

图 6-24　74LS164 的逻辑符号

表 6-7 是 74LS164 的逻辑功能表。表中，"×"表示任意输入，"↑"表示寄存器在 CP 脉冲的上升沿工作。从表中可以看出，在 CP 脉冲的上升沿，最高位 Q_7 移出，$Q_6 \sim Q_0$ 向更高位移 1 位，D_A、D_B 相与的结果被送到最低位 Q_0。

表 6-7　74LS164 的逻辑功能表

$\overline{R}_D$	CP	D_A	D_B	Q_7	Q_6	Q_5	Q_4	Q_3	Q_2	Q_1	Q_0
0	×	×	×	0	0	0	0	0	0	0	0
1	0	×	×	Q_7	Q_6	Q_5	Q_4	Q_3	Q_2	Q_1	Q_0

$\bar{R}_D$	CP	D_A	D_B	Q_7	Q_6	Q_5	Q_4	Q_3	Q_2	Q_1	Q_0
1	↑	1	1	Q_6	Q_5	Q_4	Q_3	Q_2	Q_1	Q_0	1
1	↑	0	×	Q_6	Q_5	Q_4	Q_3	Q_2	Q_1	Q_0	0
1	↑	×	0	Q_6	Q_5	Q_4	Q_3	Q_2	Q_1	Q_0	0

6.3　计数器

计数器在数字电路中的应用非常广泛，除用于计数外，还可作为计时器、分频器使用。计数器的种类很多，按计数的增减方式可分为加法计数器和减法计数器；按计数的数制可分为二进制计数器、十进制计数器、N 进制计数器；按照计数脉冲的触发方式可分为异步计数器和同步计数器。在异步计数器中，各个触发器的动作顺序有先有后，前面触发器的动作带动后面的触发器动作，因而工作速度较慢，但电路较为简单。在同步计数器中，各个触发器受同一个触发脉冲的控制同时动作，因而工作速度快，但电路较为复杂。

6.3.1　二进制计数器

二进制计数器的计数规律按二进制数变化，一个触发器用于表示 1 位二进制数，N 个触发器可用于表示 N 位二进制数。因此，N 位二进制计数器需要由 N 个触发器组成。

4 位二进制加法计数器的状态表如表 6-8 所示。

表 6-8　4 位二进制加法计数器的状态表

计数脉冲 CP	Q_3	Q_2	Q_1	Q_0	十进制数
0	0	0	0	0	0
1	0	0	0	1	1
2	0	0	1	0	2
3	0	0	1	1	3
4	0	1	0	0	4
5	0	1	0	1	5
6	0	1	1	0	6
7	0	1	1	1	7
8	1	0	0	0	8
9	1	0	0	1	9
10	1	0	1	0	10
11	1	0	1	1	11
12	1	1	0	0	12
13	1	1	0	1	13
14	1	1	1	0	14
15	1	1	1	1	15
16	0	0	0	0	0

1．异步 4 位二进制计数器

从表 6-8 中可以总结出如下规律：最低位的 Q_0，每来一个 CP 脉冲，都会发生翻转；高位上的触发器，在其相邻的低位触发器由 1 变 0 时，才会发生翻转。根据这个规律，设计出异步 4 位二进制加法计数器如图 6-25 所示。

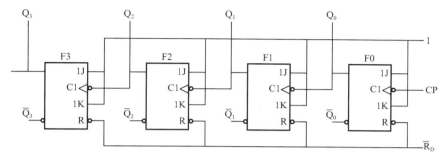

图 6-25　由 JK 触发器组成的异步 4 位二进制加法计数器

在图 6-25 中，4 个 JK 触发器 F3～F0 都连接成 T'触发器。每到来一个 CP 脉冲下降沿，Q_0 都会翻转一次。Q_0 作为 F1 的触发脉冲，在由 1 变 0 时，Q_1 发生翻转。Q_1 作为 F2 的触发脉冲，在由 1 变 0 时，Q_2 发生翻转。Q_2 作为 F3 的触发脉冲，在由 1 变 0 时，Q_3 发生翻转。这种连接，使得该电路符合表 6-8 中的计数规律，其工作波形如图 6-26 所示。

在图 6-25 中，前一个触发器翻转后，后面的触发器才能翻转，各个触发器的动作时间不一致，故称为异步计数器。

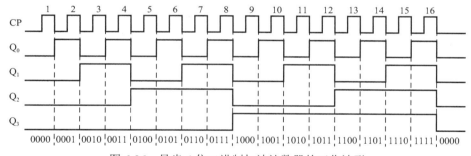

图 6-26　异步 4 位二进制加法计数器的工作波形

图 6-27 是由 4 个 JK 触发器 F3～F0 构成的异步 4 位二进制减法计数器，其计数规律是 Q_3～Q_0 从 1111 逐位减小到 0000。其工作原理、状态表和波形图读者可自行分析。

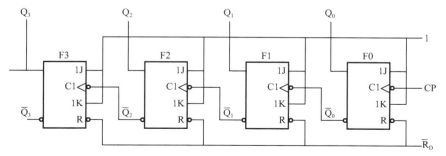

图 6-27　异步 4 位二进制减法计数器

2．同步4位二进制加法计数器

从表6-8中还可以总结出如下规律。

（1）触发器F0，每到来一个CP脉冲，都会发生翻转，故$J_0 = K_0 = 1$。

（2）触发器F1，当$Q_0 = 1$时，再到来一个CP脉冲就发生翻转，故$J_1 = K_1 = Q_0$。

（3）触发器F2，当$Q_1Q_0 = 11$时，再到来一个CP脉冲就翻转，故$J_2 = K_2 = Q_1Q_0$。

（4）触发器F3，当$Q_2Q_1Q_0 = 111$时，再到来一个CP脉冲就翻转，故$J_3 = K_3 = Q_2Q_1Q_0$。

根据以上规律，可画出同步4位二进制加法计数器的逻辑电路图，如图6-28所示。

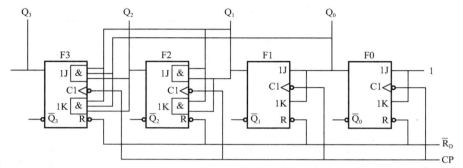

图6-28　由JK触发器组成的同步4位二进制加法计数器

在图6-28中，各个触发器接同一个CP脉冲，在CP脉冲作用下，同时翻转，故称为同步计数器。同步4位二进制加法计数器的波形图与图6-26完全相同。

6.3.2　十进制计数器

十进制数有10个状态，可从4位二进制数的16个状态中选取10个来表示，不同的选取方式称为编码，较常用的是8421编码。

采用8421编码的十进制加法计数器的状态表如表6-9所示。

表6-9　采用8421编码的十进制加法计数器的状态表

计数脉冲 CP	Q_3	Q_2	Q_1	Q_0	十进制数
0	0	0	0	0	0
1	0	0	0	1	1
2	0	0	1	0	2
3	0	0	1	1	3
4	0	1	0	0	4
5	0	1	0	1	5
6	0	1	1	0	6
7	0	1	1	1	7
8	1	0	0	0	8
9	1	0	0	1	9
10	0	0	0	0	0

由表 6-9 可以总结出如下规律。

（1）触发器 F0，每到来一个 CP 脉冲，都会发生翻转，故 $J_0 = K_0 = 1$。

（2）触发器 F1，当 $Q_0 = 1$ 时，再到来一个 CP 脉冲就翻转，而在 $Q_3 = 1$ 时不能翻转，故 $J_1 = \overline{Q}_3 Q_0$，$K_1 = Q_0$。

（3）触发器 F2，当 $Q_1 Q_0 = 11$ 时，再到来一个 CP 脉冲就翻转，故 $J_2 = K_2 = Q_1 Q_0$。

（4）触发器 F3，当 $Q_2 Q_1 Q_0 = 111$ 时，再到来一个 CP 脉冲就翻转，Q_3 由 0 变 1（对应第 8 个脉冲）。当 $Q_3 = 1$ 且 Q_0 由 1 变 0 时（对应第 10 个脉冲），Q_3 由 1 变 0。故 $J_3 = Q_2 Q_1 Q_0$，$K_3 = Q_0$。

根据以上规律，可画出同步十进制计数器的逻辑电路图，如图 6-29 所示。其工作波形图如图 6-30 所示。

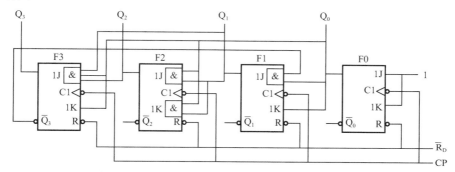

图 6-29　由 JK 触发器组成的同步十进制加法计数器

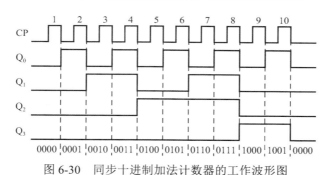

图 6-30　同步十进制加法计数器的工作波形图

6.3.3　典型中规模集成计数器

集成计数器的种类很多，功能和工作方式各不相同，下面介绍几个典型的集成计数器。

1. 同步计数器 74LS160/161/162/163

74LS160/161/162/163 是有预置数功能的同步计数器，其内部的触发器在 CP 脉冲的控制下同步工作，因而工作速度较快。74LS160/162 是十进制计数器，74LS161/163 是 4 位二进制计数器。其引脚名称和排列顺序相同，如图 6-31 所示，其逻辑功能如表 6-10 所示。

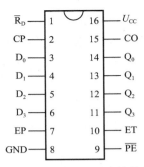

图 6-31　74LS160/161/162/163 同步计数器的引脚排列

表 6-10　74LS160/161/162/163 的逻辑功能表

CP	$\overline{R}_D$	$\overline{PE}$	ET	EP	D_3	D_2	D_1	D_0	Q_3	Q_2	Q_1	Q_0
×(↑)	0	×	×	×	×	×	×	×	0	0	0	0
↑	1	0	×	×	d_3	d_2	d_1	d_0	d_3	d_2	d_1	d_0
↑	1	1	1	1	×	×	×	×	计数			
×	1	1	0	×	×	×	×	×	保持			
×	1	1	×	0	×	×	×	×	保持			

注：括号中的内容对应 74LS162/163。

74LS160/161/162/163 各引脚的名称和作用如下。

引脚 1 为 $\overline{R}_D$ 清零端。74LS160/161 是异步清零，清零信号 $\overline{R}_D$ 不受 CP 脉冲控制，当 $\overline{R}_D$ 为低电平时，输出端 $Q_3 \sim Q_0$ 立即清零。74LS162/163 是同步清零，清零信号 $\overline{R}_D$ 受 CP 脉冲控制，当 $\overline{R}_D$ 为低电平时，在 CP 脉冲的上升沿输出端 $Q_3 \sim Q_0$ 清零。

引脚 2 为 CP 脉冲输入端，上升沿有效。

引脚 3～6 为 $D_0 \sim D_3$ 预置数输入端。在 CP 脉冲的上升沿进行置数，输出端 $Q_3 \sim Q_0$ 等于 $D_3 \sim D_0$。

引脚 7、10 为计数控制端 EP、ET，当 EP = ET = 1 时，计数器计数；当 EP、ET 为其他输入时，计数器保持。

引脚 9 为同步并行置数控制端 $\overline{PE}$，低电平有效。

引脚 11～14 为 $Q_3 \sim Q_0$ 计数器输出端。

引脚 15 为计数器的进位输出端，高电平有效。

2. 二进制/十进制加/减计数器 CD4029

CD4029 是一款功能强大的 CMOS 计数器，具有异步置数功能，可设置成二进制计数器或十进制计数器，还可设置为加法计数器或减法计数器。其引脚排列如图 6-32 所示，其逻辑功能表如表 6-11 所示。

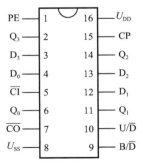

图 6-32　CD4029 的引脚排列

表 6-11　CD4029 的逻辑功能表

PE	$\overline{CI}$	CP	B/$\overline{D}$	U/$\overline{D}$	Q_3	Q_2	Q_1	Q_0
1	×	×	×	×	置数			
0	1	×	×	×	保持			
0	0	↑	1	1	二进制加法计数			
0	0	↑	0	1	十进制加法计数			
0	0	↑	1	0	二进制减法计数			
0	0	↑	0	0	十进制减法计数			

CD4029 各引脚的名称及功能如下。

引脚 1 为异步并行预置数控制端 PE，高电平有效。

引脚 3、13、12、4 为 $D_3 \sim D_0$ 预置数输入端。当 PE = 1 时进行置数，输出端 $Q_3 \sim Q_0$ 等于 $D_3 \sim D_0$。CD4029 为异步置数，置数过程与 CP 脉冲无关。

引脚 2、14、11、6 为 $Q_3 \sim Q_0$ 计数器输出端。

引脚 15 为 CP 脉冲输入端，上升沿有效。

引脚 10 为加/减计数控制端 U/$\overline{D}$，高电平时加法计数，低电平时减法计数。

引脚 9 为二进制/十进制计数控制端 B/$\overline{D}$，高电平时二进制计数，低电平时十进制计数。

引脚 5 为计数控制端 $\overline{CI}$，低电平时允许计数，高电平时不允许计数，输出保持不变。

引脚 7 为借位/进位输出端 $\overline{CO}$，低电平有效。在级联时可接到下一级的 $\overline{CI}$ 端，以实现借位/进位。

6.3.4　任意进制计数器

工厂生产的集成计数器通常为二进制计数器和十进制计数器，要构成任意进制计数器，需要将二进制计数器或十进制计数器进行适当改接。下面介绍两种改接方法。

1. 清零法

当计数器计数到某一数值时，通过反馈电路在清零端加一个清零信号，强制计数器清零，就可得到需要的进制。清零法分为异步清零和同步清零。

（1）异步清零

当计数器计数到某一个数值时，通过反馈电路在清零端加一个清零信号，使计数器立即清零，这种清零方式称为异步清零。图 6-33（a）是由 74LS160 构成的六进制计数器，图 6-33（b）是其工作波形图。当计数器从 0000 计数到 0110 时，通过与非门 G_1 产生一个低电平，加到 $\overline{R}_D$ 端，使计数器清零。该计数器有 0000、0001、0010、0011、0100、0101 共 6 个状态，因而构成六进制计数器。由于 0110 状态持续的时间极短（仅取决于电路的延迟时间），故不考虑。

（2）同步清零

当计数器计数到某一个数值时，通过反馈电路在清零端加一个清零信号，使计数器在 CP 脉冲的控制下清零，这种清零方式称为同步清零。图 6-34（a）是由 74LS162 构成的七进制计数器，图 6-34（b）是其工作波形图。当计数器从 0000 计数到 0110 时，通过与非门 G_1 产生一个低电平，加到 $\overline{R}_D$ 端，在下一个 CP 脉冲的上升沿使计数器清零。该计数器有 0000、0001、0010、0011、0100、0101、0110 共 7 个状态，因而构成七进制计数器。

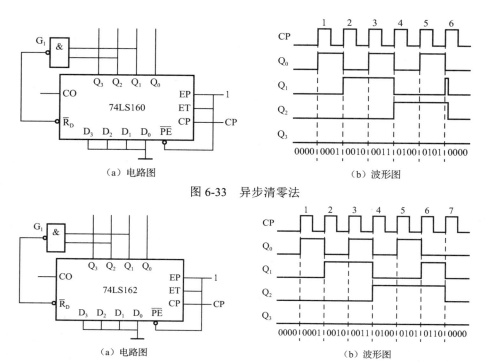

（a）电路图　　　　　　　　　　　　　（b）波形图

图 6-33　异步清零法

（a）电路图　　　　　　　　　　　　　（b）波形图

图 6-34　同步清零法

2．置数法

当计数器计数到某一数值时，通过反馈电路在置数端加一个置数信号，强制计数器置数，就可得到需要的进制。置数法也分为异步置数和同步置数。

（1）异步置数

当计数器计数到某一个数值时，通过反馈电路在置数端加一个置数信号，使计数器立即置数，这种置数方式称为异步置数。

图 6-35（a）为由 CD4029 构成的六进制计数器，图 6-35（b）为其工作波形图。图中，CD4029 接成二进制加法计数器。当计数器计数到 1100 时，通过与门 G_1 产生一个高电平，加到 PE 端，使计数器置数为 0110（置数状态由 $D_3 \sim D_0$ 决定），然后从 0110 开始计数。该计数器有 0110、0111、1000、1001、1010、1011 共 6 个状态，因而构成六进制计数器。由于1100 状态持续的时间极短（仅取决于电路的延迟时间），故不考虑。

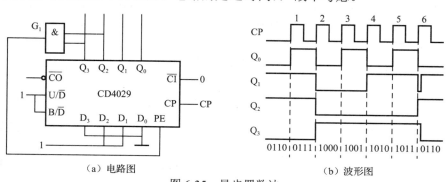

（a）电路图　　　　　　　　　　　　　（b）波形图

图 6-35　异步置数法

CD4029 没有清零端，可通过将置数端置 0 实现清零功能，这种方法也可称为置 0 法。

图 6-36 为 CD4029 利用置 0 法构成的十二进制计数器。设置 $D_3 \sim D_0 = 0000$，当计数到 1100 时，与非门 G_1 输出为 1，使 PE = 1，将 $Q_3 \sim Q_0$ 设置为 0000，从而实现清零。

（2）同步置数

当计数器计数到某一个数值时，通过反馈电路在置数端加一个置数信号，使计数器在 CP 脉冲的控制下置数，这种置数方式称为同步置数。图 6-37（a）为由 74LS161 构成的七进制计数器，图 6-37（b）为其工作波形图。当计数器从 0110 计数到 1100 时，通过与非门 G_1 产生一个低电平，加到 $\overline{PE}$ 端，在下一个 CP 脉冲的上升沿使计数器置数为 0110（置数状态由 $D_3 \sim D_0$ 决定）。该计数器有 0110、0111、1000、1001、1010、1011、1100 共 7 个状态，因而构成七进制计数器。

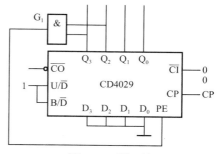

图 6-36　置 0 法

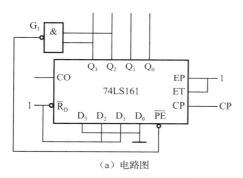

（a）电路图

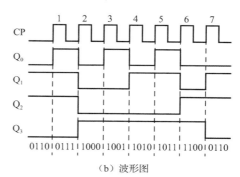

（b）波形图

图 6-37　同步置数法

3. 多个计数器的级联

当一个计数器的计数容量不够时，通过多个计数器级联，可实现更高进制的计数。级联时，主要考虑进位/借位问题，此外，还要考虑下列问题。

（1）低位计数器的进位/借位信号来自哪里？

集成计数器一般都有专用的进位/借位信号输出端。级联时，可使用这些进位/借位端，也可用低位计数器的最高位作进位/借位信号。

（2）低位计数器的进位/借位信号连接到高位计数器的哪个输入端？

低位计数器的进位/借位信号可连接到高位计数器的 CP 脉冲端或其他控制端。

（3）级联时各个计数器是同步计数还是异步计数？

级联时各个计数器可采用同步或异步计数。同步或异步计数方式不同，取自低位的进位/借位信号不同，连接到高位计数器的位置也不相同。

（4）进位/借位信号的极性问题。

低位计数器向高位计数器进位或借位时，要考虑进位/借位信号的极性问题，若极性不适合，要加非门改变其极性。有些计数器有两个进位/借位输出端，以方便与其他计数器的级联。下面通过一些实例来介绍级联时进位/借位信号的连接问题。

图 6-38 是十进制计数器 74LS160 进位信号的波形图，当计数器出现 1001 时，产生正脉冲输出。

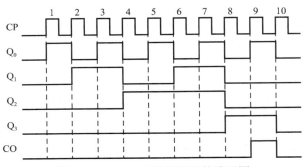

图 6-38　74LS160 进位信号的波形图

当两个 74LS160 级联时，若采用异步计数，可将低位计数器 74LS160-1 的 CO 端通过一个非门 G_1 接到高位计数器 74LS160-2 的 CP 端，如图 6-39 所示。当 74LS160-1 由 1001 变为 0000 时，其 CO 端输出的正脉冲经过非门 G_1 变为负脉冲，在 74LS160-2 的 CP 端出现脉冲的上升沿，从而实现加 1 计数。

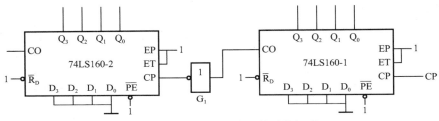

图 6-39　74LS160 异步计数时的级联

两个 74LS160 级联时，若采用同步计数，可将低位计数器的 CO 端接到高位计数器的 EP、ET 端，并将两个计数器的 CP 端连在一起，如图 6-40 所示。

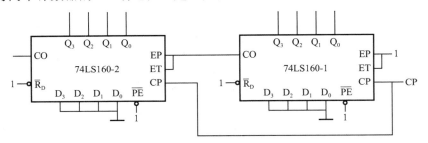

图 6-40　74LS160 同步计数时的级联

在图 6-39 和图 6-40 中，两个十进制计数器构成了一百进制计数器。在此基础上采用清零法或置数法，可构成 100 以内其他进制的计数器。

图 6-41 是采用清零法构成的二十四进制计数器。图中，74LS160-1 和 74LS160-2 连接成一百进制同步加法计数器，当计数到 24 时（即计数到 0010 0100），与非门 G_1 输出低电平，接到计数器的异步清零端，使计数器立即清零，然后计数器从零开始重新计数。

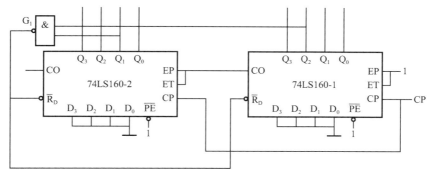

图 6-41　用 74LS160 构成的二十四进制计数器

6.4　555 定时器及其应用*

555 定时器是美国 Signetics 公司于 1972 年研制的用于取代机械式定时器的中规模集成电路，因输入端设计有 3 个 5kΩ 的电阻而得名。它将模拟功能和数字功能巧妙地结合在一起，只需外接几个电阻、电容元件，就可实现单稳态触发器、多谐振荡器、施密特触发器等多种功能，因而得到广泛应用。

6.4.1　555 定时器

1．555 定时器的结构与工作原理

555 定时器的内部结构如图 6-42 所示。它由 3 个 5kΩ 电阻组成的分压器、2 个比较器 C1 和 C2、1 个基本 RS 触发器 F、1 个作为放电管的晶体管 VT 等组成。

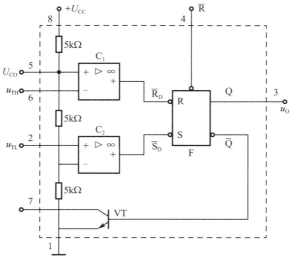

图 6-42　555 定时器的内部结构

555 定时器各引脚的名称及功能如下。

引脚 8 是电源输入端 U_{CC}，引脚 1 是接地端 GND。

引脚 3 是输出端 OUT，该引脚的输出电压 u_O 只有高电平 1 或低电平 0 两种状态，其值

等于触发器 F 的 Q 端的状态。

引脚 5 是控制电压输入端 CO。该引脚的电压 U_{CO} 作为比较器 C_1 的基准电压。该引脚外接控制电压时，U_{CO} 等于外接电压；不接控制电压时，U_{CO} 由 3 个 5kΩ 的电阻分压确定，U_{CO} = 2/3 U_{CC}。在一般情况下，在不接控制电压时，该引脚要通过一个 0.01μF 的电容接地，以防止引入干扰。

引脚 6 是高电平触发输入端 TH。当该引脚的电压 $u_{TH}>U_{CO}$ 时，比较器 C_1 输出低电平 0；$u_{TH}<U_{CO}$ 时，比较器 C_1 输出高电平 1。

引脚 2 是低电平触发输入端 TL。当该引脚的电压 $u_{TL}>1/2\ U_{CO}$ 时，比较器 C_2 输出高电平 1；$u_{TL}<1/2\ U_{CO}$ 时，比较器 C_2 输出低电平 0。比较器 C_2 的基准电压由 2 个 5kΩ 的电阻分压 U_{CO} 确定，其值为 1/2 U_{CO}，当 U_{CO} = 2/3 U_{CC} 时，其值为 1/3 U_{CC}。

引脚 4 是复位端 $\overline{R}$，低电平有效。当 $\overline{R}$ = 0 时，使触发器 F 的 Q 端复位；当 $\overline{R}$ = 1 时，触发器 F 正常工作。

引脚 7 是晶体管 VT 的放电端。当触发器 F 的 Q = 0，$\overline{Q}$ = 1 时，VT 导通；当 Q = 1，$\overline{Q}$ = 0 时，VT 截止。

555 定时器的工作状态由各输入端的电压决定，当引脚 5 没有外接控制电压（即 U_{CO} = 2/3 U_{CC}）时，定时器的工作状态如表 6-12 所示。

表 6-12　555 定时器的工作状态

$\overline{R}$	u_{TH}	u_{TL}	$\overline{R}_D$	$\overline{S}_D$	$\overline{Q}$	Q (u_O)	VT
0	×	×	×	×	1	0	导通
1	$>\frac{2}{3}U_{CC}$	$>\frac{1}{3}U_{CC}$	0	1	1	0	导通
1	$<\frac{2}{3}U_{CC}$	$>\frac{1}{3}U_{CC}$	1	1	保持	保持	保持
1	$<\frac{2}{3}U_{CC}$	$<\frac{1}{3}U_{CC}$	1	0	0	1	截止

2．555 定时器的外形和引脚排列

555 定时器的封装一般有两种形式；一种是 8 脚圆形 TO-99 型封装，如图 6-43（a）所示；另一种是 8 脚塑料直插式封装，如图 6-43（b）所示。

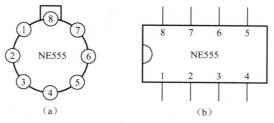

图 6-43　555 定时器的封装形式

各公司生产的 555 定时器，除标注 555 外，还要标注公司的商标，以及适用环境等信息，如 NE555、NE556、ICM7555、ICM7556 等。其中，NE555/556 是双极型的 TTL 集成定时器，ICM7555/7556 是单极型的 CMOS 集成定时器。NE555/ICM7555 内部只包含 1 个定时器，NE556/ICM7556 内部包含两个定时器。

6.4.2 555 定时器的应用电路

1. 由 555 定时器组成的单稳态触发器

由 555 定时器组成的单稳态触发器如图 6-44（a）所示，图 6-44（b）为其波形图。引脚 5 外接电容，$U_{CO} = 2/3\ U_{CC}$。

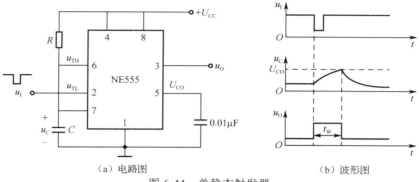

（a）电路图　　　　　　　（b）波形图

图 6-44　单稳态触发器

稳态时，u_I 输入高电平，其值大于 $1/2\ U_{CO}$。由于电容 C 两端未充电或经过内部的晶体管 VT 放电，$u_{TH} = u_C$，为低电平。因而，$u_{TH} < U_{CO}$，比较器 C_1 输出高电平 1；$u_{TL} = u_I > 1/2\ U_{CO}$，比较器 C_2 输出高电平 1。触发器 F 的 Q 端输出低电平 0，$\overline{Q}$ 端输出高电平 1，晶体管 VT 处于导通状态。

若在输入端加一个负脉冲，电路进入暂稳态。这时，$u_{TH} = u_C < U_{CO}$，比较器 C_1 输出高电平 1；$u_{TL} = u_I < 1/2\ U_{CO}$，比较器 C_2 输出低电平 0。触发器 F 的 Q 端输出高电平 1，$\overline{Q}$ 端输出低电平 0，晶体管 VT 处于截止状态，经过电阻 R 给电容 C 充电，u_C 逐渐升高。

当 u_C 升高到大于 U_{CO} 时，比较器 C_1 输出低电平 0，使触发器 F 的 Q 端输出低电平 0，$\overline{Q}$ 端输出高电平 1，晶体管 VT 处于导通状态，电容 C 经过 VT 迅速放电，使 u_C 逐渐降低到 0，电路恢复到最初的稳定状态，并一直保持下去。

暂稳态持续时间由定时元件 R 和 C 的数值决定，计算公式为

$$t_W = RC\ln 3 = 1.1RC$$

2. 由 555 定时器组成的多谐振荡器

由 555 定时器组成的多谐振荡器如图 6-45（a）所示，图 6-45（b）为其波形图。引脚 5 外接电容，$U_{CO} = 2/3\ U_{CC}$。

该电路的输出是一种矩形波，其中包括多种谐波成分，故称为多谐振荡器。该电路没有稳定的工作状态，故也称为无稳态触发器，但它有两个暂稳态，并且不断在两个暂稳态之间转换。

接通电源后，电源通过电阻 R_1、R_2 给电容 C 充电，电路进入第一种暂稳态。这时，u_C 逐渐升高。当 $u_C > U_{CO}$ 时，比较器 C_1 输出低电平 0，C_2 输出高电平 1，触发器 F 的 Q 端输出低电平 0，$\overline{Q}$ 端输出高电平 1，晶体管 VT 由截止变为导通，电路进入第二种暂稳态。

在第二种暂稳态，电容 C 经过电阻 R_2 放电，u_C 逐渐降低。当 $u_C < 1/2\ U_{CO}$ 时，比较器 C_1 输出高电平 1，C_2 输出低电平 0。触发器 F 的 Q 端输出高电平 1，$\overline{Q}$ 端输出低电平 0，晶体管

VT 由导通变为截止，电源又通过 R_1、R_2 给 C 充电，电路又进入第一种暂稳态。

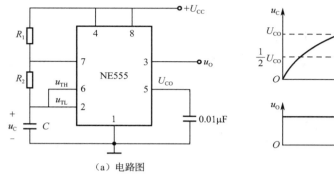

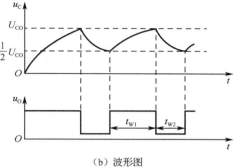

（a）电路图   （b）波形图

图 6-45   多谐振荡器

以后，电路将不断重复上述过程。

第一种暂稳态的持续时间为

$$t_{W1} = 0.7(R_1 + R_2)C$$

第二种暂稳态的持续时间为

$$t_{W2} = 0.7R_2C$$

电路的振荡周期为

$$T = t_{W1} + t_{W2} = 0.7(R_1 + 2R_2)C \tag{6-3}$$

改变电阻 R_1 和 R_2 的阻值，可改变输出脉冲的占空比，输出脉冲的占空比 k_{PDR} 为

$$k_{PDR} = \frac{t_{W1}}{T} = \frac{R_1 + R_2}{R_1 + 2R_2}$$

例 6.4.1   利用 555 定时器设计一个秒脉冲信号发生器。

解： 秒脉冲信号发生器的电路如图 6-45（a）所示。

因为 $T = 1s$，取 $R_1 = 100k\Omega$、$R_2 = 22k\Omega$，由式（6-3）可得

$$C = 10\mu F$$

6.5   Multisim 14 仿真实验   计数器与数字显示

1．实验内容

将图 6-41 中由 74LS160 构成的二十四进制计数器和图 5-44(a)中由 74LS47 构成的 BCD 译码器、数码管显示电路合并到一起，构成计数、译码和显示电路，用 Multisim 进行仿真实验。以便于熟悉数字电路的构建和实验方法，并验证所学理论知识。

2．实验步骤

（1）构建电路

选取并放置计数器 74LS160N、译码器 74LS47N 的电路符号（类型为 TTL/74LS）。在 74LS160N 和 74LS47N 的电路符号中，电源 VCC 和接地 GROUND 是隐藏的。

选取并放置电源 VCC（类型为 Sources/POWER_SOURCE，VCC），其电压值为 5V。选取并放置接地符号 GROUND。放置 VCC 和 GROUND 后，它们将建立与所有隐藏的 VCC 和

GROUND 引脚的连接关系（如 74LS160N、74LS47N 等）。

选取并放置 74LS00N，在 74LS00N 中包括 4 个与非门，选用其中的 1 个。

选取并放置两个七段共阳极数码管（类型为 Indicators/HEX_DISPLAY，SEVEN_SEG_COM_A）和两个 51Ω 的限流电阻 R1、R2。

在电路中放置信号发生器 XFG1，设置为脉冲信号输出，频率为 1Hz。

连接各元件，构成如图 6-46 所示的实验电路。

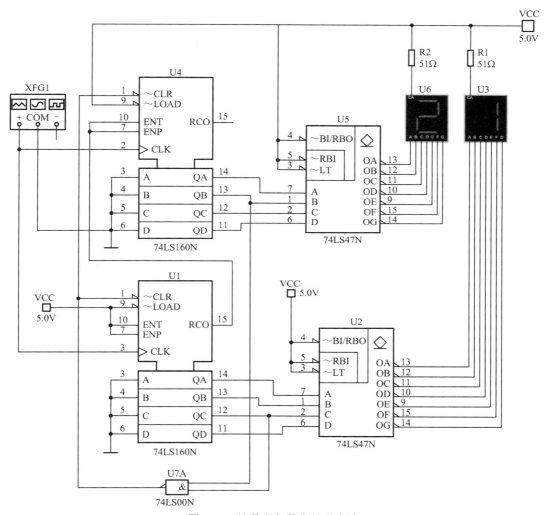

图 6-46 计数器与数字显示电路

（2）运行如图 6-46 所示的实验电路，观察数码管的显示数字。此电路显示数字 00～23，是二十四进制加法计数器。其中，U1、U2、U3 对应低位数的计数、译码和显示；U4、U5、U6 对应高位数的计数、译码和显示。

练习与思考

6.5.1   用 Multisim 构建实验电路，验证各种触发器电路（基本 RS、JK、D 触发器等）的逻辑功能。

6.5.2　对于书中的其他例题和习题，用 Multisim 构建电路进行验证。

本 章 小 结

1. 触发器是具有记忆功能的最小数字逻辑电路器件，是分析时序逻辑电路的基础。触发器的种类较多，有基本 RS 触发器、可控 RS 触发器、JK 触发器、D 触发器、T 触发器、T′ 触发器等。

2. 寄存器是用于存储数字信号的器件，可由各种触发器构成。有串行输入、串行输出方式的寄存器，有并行输入、并行输出方式的寄存器，有能双向移位的寄存器，还有兼具以上多种功能的寄存器。

3. 计数器是常用的数字电路部件，主要分为二进制计数器和十进制计数器、加法计数器和减法计数器等。重点应掌握集成计数器的应用。

4. 555 定时器是一种将模拟功能和数字功能巧妙地结合在一起的集成电路，外接少量元件就可构成单稳态触发器、多谐振荡器等应用电路。

习　　题

6-1　JK 触发器的接法如图 6-47 所示，设初始状态为 0，则 Q 端的输出波形为图 6-48 中的（　　）。

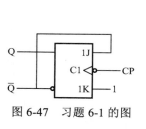

图 6-47　习题 6-1 的图

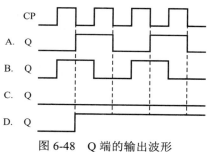

图 6-48　Q 端的输出波形

6-2　JK 触发器的接法如图 6-49 所示，设初始状态为 0，则 Q 端的输出波形为图 6-48 中的（　　）。

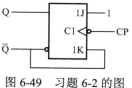

图 6-49　习题 6-2 的图

6-3　JK 触发器的接法如图 6-50 所示，设初始状态为 0，则 Q 端的输出波形为图 6-48 中的（　　）。

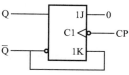

图 6-50　习题 6-3 的图

6-4 D触发器的接法如图 6-51 所示，设初始状态为 0，则 Q 端的输出波形为图 6-48 中的（　　）。

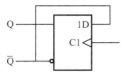

图 6-51　习题 6-4 的图

6-5 D触发器的接法如图 6-52 所示，设初始状态为 0，则 Q 端的输出波形为图 6-48 中的（　　）。

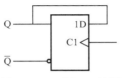

图 6-52　习题 6-5 的图

6-6 对于图 6-47、图 6-49、图 6-50、图 6-51、图 6-52 中触发器的接法，设初始状态不定，其作用分别为（　　）、（　　）、（　　）、（　　）、（　　）。

A．计数　　　　　B．置 0 并保持　　　　C．置 1 并保持　　D．保持原状态不变

6-7 JK 触发器的接法如图 6-53 所示，设初始状态为 00，其功能为（　　）计数器。

A．二进制加法　　B．二进制减法　　　　C．三进制加法　　D．三进制减法

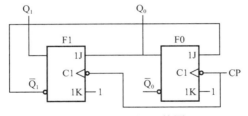

图 6-53　习题 6-7 的图

6-8 触发器的接法如图 6-54 所示，设初始状态为 00，其功能为（　　）。

A．2 位二进制加法计数器　　　B．2 位二进制减法计数器　　　C．移位寄存器

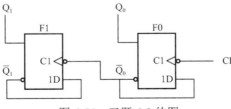

图 6-54　习题 6-8 的图

6-9 图 6-55 所示的电路是（　　）计数器。

A．九进制　　　　B．十进制　　　　　C．十一进制　　　　D．十二进制

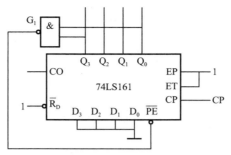

图 6-55　习题 6-9 的图

6-10　图 6-56 所示的电路是（　　）计数器。

A. 九进制　　　　B. 十进制　　　　　　C. 十一进制　　　　　　D. 十二进制

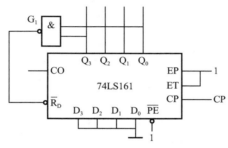

图 6-56　习题 6-10 的图

6-11　图 6-57 所示的电路是（　　）计数器。

A. 八进制　　　　B. 九进制　　　　　　C. 十进制　　　　　　D. 十一进制

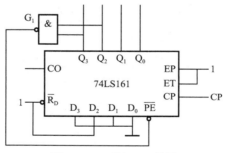

图 6-57　习题 6-11 的图

6-12　由与非门组成的基本 RS 触发器如图 6-1（a）所示，设初始状态 Q 为 0，输入信号如图 6-58 所示，试画出输出端 Q 的波形。

图 6-58　习题 6-12 的图

6-13　可控 RS 触发器如图 6-3（a）所示，设初始状态 Q 为 0，输入信号如图 6-59 所示，试画出输出端 Q 的波形。

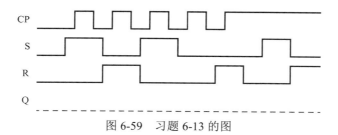

图 6-59　习题 6-13 的图

6-14　下降沿触发的 JK 触发器，设初始状态 Q 为 0，输入信号如图 6-60 所示，试画出输出端 Q 的波形。

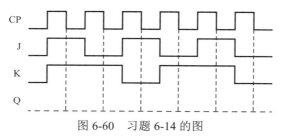

图 6-60　习题 6-14 的图

6-15　上升沿触发的 D 触发器，设初始状态 Q 为 0，输入信号如图 6-61 所示，试画出输出端 Q 的波形。

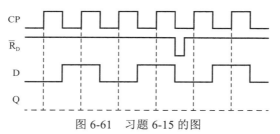

图 6-61　习题 6-15 的图

6-16　JK 触发器的接法如图 6-53 所示，设初始状态为 00，输入信号如图 6-62 所示，试画出输出信号的波形图。

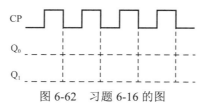

图 6-62　习题 6-16 的图

6-17　触发器的接法如图 6-54 所示，设初始状态为 00，输入信号如图 6-63 所示，试画出输出信号的波形图。

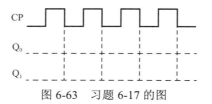

图 6-63　习题 6-17 的图

6-18 参照图 6-56，采用异步清零法，利用 74LS161 构成十二进制计数器。

6-19 用两个 74LS160，采用同步计数、异步清零法构成六十进制加法计数器。

6-20 用两个 CD4029，采用同步计数、异步置数法构成三十进制加法计数器。

6-21 用两个 CD4029，采用同步计数、异步置数法构成二十四进制减法计数器。

第7章 数/模和模/数转换*

由于数字电子技术的迅速发展，数/模和模/数转换在数字测量仪表、数字通信等领域得到了广泛应用。特别是数字电子计算机在自动控制和自动检测系统中的使用，使得利用数字系统处理模拟信号的情况越来越普遍。在生产过程中所遇到的信息大多是连续变化的物理量，如温度、压力、流量、位移等，这些非电信号首先要经过传感器变换为模拟电信号，再把模拟信号转换成相应的数字信号，才能送入计算机进行处理。计算机输出的数字信号要转换成相应的模拟信号才能去控制执行机构，从而实现实时控制的目的。

能将数字量转换为模拟量的装置称为数/模转换器，简称 D/A 转换器或 DAC；能将模拟量转换为数字量的装置称为模/数转换器，简称 A/D 转换器或 ADC。DAC 和 ADC 是数字系统中不可缺少的部件，是模拟系统和数字系统的接口电路。

图 7-1 所示是计算机对生产进行实时控制的方框图，其中模拟量是温度、压力、湿度、流量、速度、电压、电流等。

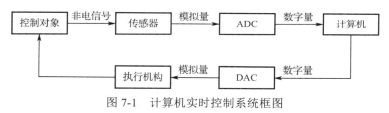

图 7-1　计算机实时控制系统框图

7.1　数/模转换技术

D/A 转换器（DAC）的作用是将输入的数字信号转换成与输入数字量成正比的输出模拟量，如电流或电压。其工作原理如图 7-2 所示。输入的数字量暂时存放在数据锁存器中，用这些数字量去控制模拟电子开关，并将参考电压源电压 U_{REF} 按位切换到电阻译码网络中变成加权电流，加权电流经集成运放求和，输出相应的模拟电压，完成 D/A 转换过程。

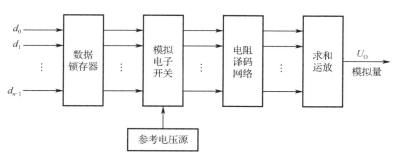

图 7-2　D/A 转换器工作原理图

7.1.1 倒 T 形电阻网络 D/A 转换器

倒 T 形电阻网络 D/A 转换器如图 7-3 所示，它能将从 $d_3 \sim d_0$ 输入的 4 位二进制数转换成对应的模拟电压，从反相器输出。图中由 R、$2R$ 两种阻值的电阻构成倒 T 形电阻译码网络；单刀双投开关 S_0、S_1、S_2、S_3 代表的是模拟电子开关。当 d_i 为 "1" 时（i 代表数字 $0 \sim 3$），开关 S_i 接通右边，相应的支路电流流入运算放大器反相输入端；当 d_i 为 "0" 时，开关 S_i 接通左边，相应的支路电流流入地。

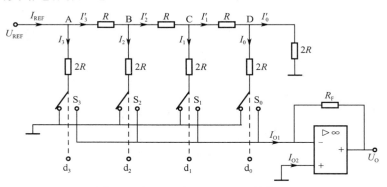

图 7-3　倒 T 形电阻网络 D/A 转换器

由电路可知，倒 T 形电阻译码网络的等效电阻为 R；集成运算放大器反相端存在"虚地"，所以不论模拟电子开关接到运算放大器的反相输入端或接"地"（即不论输入的数字信号是 1 或 0），各支路的电流是不变的，且 $I_i' = I_i$。

从参考电压端输入的电流为

$$I_{REF} = \frac{U_{REF}}{R}$$

根据分流公式得出各支路电流为

$$I_3 = \frac{1}{2} I_{REF} = \frac{U_{REF}}{R \cdot 2^1}$$

$$I_2 = \frac{1}{2} I_3 = \frac{1}{4} I_{REF} = \frac{U_{REF}}{R \cdot 2^2}$$

$$I_1 = \frac{1}{2} I_2 = \frac{1}{8} I_{REF} = \frac{U_{REF}}{R \cdot 2^3}$$

$$I_0 = \frac{1}{2} I_1 = \frac{1}{16} I_{REF} = \frac{U_{REF}}{R \cdot 2^4}$$

故电阻网络的输出电流为

$$I_{O1} = \frac{U_{REF}}{R \cdot 2^4}(d_3 \cdot 2^3 + d_2 \cdot 2^2 + d_1 \cdot 2^1 + d_0 \cdot 2^0)$$

则运算放大器输出的模拟电压 U_O 为

$$U_O = -R_F I_{O1} = -\frac{R_F U_{REF}}{R \cdot 2^4}(d_3 \cdot 2^3 + d_2 \cdot 2^2 + d_1 \cdot 2^1 + d_0 \cdot 2^0)$$

若输入的是 n 位二进制数，则需要 n 个模拟电子开关，且

$$U_O = -\frac{R_F U_{REF}}{R \cdot 2^n}(d_{n-1} \cdot 2^{n-1} + d_{n-2} \cdot 2^{n-2} + \cdots + d_1 \cdot 2^1 + d_0 \cdot 2^0) \tag{7-1}$$

当 $R = R_F$ 时，上式为

$$U_O = -\frac{U_{REF}}{2^n}(d_{n-1} \cdot 2^{n-1} + d_{n-2} \cdot 2^{n-2} + \cdots + d_1 \cdot 2^1 + d_0 \cdot 2^0) \tag{7-2}$$

由上式可知，输出模拟电压 U_O 的最小单位（对应输入数字信号最低位为 1，其余各位为 0 时的输出电压）为 $U_{REF}/2^n$，最大值（对应输入数字信号各位全为 1 时的输出电压）为 $(2^n-1)U_{REF}/2^n$。

倒 T 形 D/A 转换器的优点是：模拟开关不论处于什么位置，流过各支路的电流总是接近于恒定值，不存在电流建立的消失时间，所以此类 D/A 转换器是目前所有 D/A 转换器中速度最快的一种。又由于它只有 R 和 $2R$ 两种电阻，所以在集成芯片中的应用非常广泛。

7.1.2 集成 D/A 转换器

随着集成电路制造技术的发展，D/A 转换器集成电路芯片的种类有很多。按输入二进制数的位数分为 8 位、10 位、12 位和 16 位等。例如，AD7520 是一个倒 T 形电阻网络 10 位数/模转换器，其电路与图 7-3 相似，模拟电子开关是 CMOS 型的，同时集成在芯片内。运算放大器需外接。AD7520 的引脚排列及连接电路如图 7-4 所示。

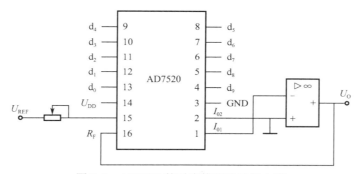

图 7-4　AD7520 的引脚排列及连接电路

AD7520 有 16 个引脚，各引脚功能如下。

引脚 4～13 为 10 位数字量的输入端。

引脚 1 为模拟电流 I_{O1} 输出端，接到运算放大器的反相输入端。

引脚 2 为模拟电流 I_{O2} 输出端，一般接地。

引脚 3 为接地端。

引脚 14 为模拟电子开关的 $+U_{DD}$ 电源接线端。

引脚 15 为参考电压电源接线端，U_{REF} 可为正值或负值。

引脚 16 为芯片内部一个电阻 R 的引出端，该电阻作为运算放大器的反馈电阻 R_F，它的另一端在芯片内部接 I_{O1} 端。

7.1.3 D/A 转换器的主要技术指标

1. 分辨率

分辨率是指最小输出电压（对应的输入二进制数为 1）与最大输出电压（对应的输入二进制数的所有位全为 1）之比。例如，10 位 D/A 转换器的分辨率为

$$\frac{1}{2^{10}-1} = \frac{1}{1023} \approx 0.001$$

2．精度

精度是指输出模拟电压的实际值与理想值之差。由参考电压偏离标准值、运算放大器的零点偏移、模拟开关的电压降以及电阻阻值的偏差等原因引起。

3．建立时间

建立时间是指从输入数字信号起，到输出电压或电流到达稳定值所需的时间。由于倒 T 形电阻网络 D/A 转换器是并行输入的，转换速度较快。目前，10 位或 12 位单片集成 D/A 转换器的转换时间一般不超过 1μs。

此外，还有功率消耗、温度系数以及输入高、低电平的数值等指标，不再一一介绍。

7.2 模/数转换技术

实际的模拟-数字转换过程通常分为两步：先使用传感器将生产过程中连续变化的物理量转换为模拟信号；再由 A/D 转换器把模拟信号转换为数字信号。通常，A/D 转换要经过采样、保持、量化、编码 4 个阶段。其中，采样、保持用采样保持电路来完成，量化和编码在 A/D 转换器中实现。

将一个时间上连续变化的模拟量转换成时间上离散的模拟量称为采样。由于每次把采样电压转换为相应的数字信号都需要一定的时间，因此在每次采样后都需要令采样电压保持一定的时间。这样，进行 A/D 转换时所用的输入电压实际上是每次采样结束时的采样电压值。

因数字信号在幅值上也是离散的，任何一个数字量的大小只能是某个规定的最小量值的整数倍，所以在 A/D 转换器中必须将采样-保持电路的输出电压按某种近似方式规划到与之相应的离散电平上。将采样-保持电路的输出电压规划为数字量最小单位所对应的最小量值（即量化单位）的整数倍的过程称为量化。用二进制代码来表示各个量化电平的过程称为编码。

A/D 转换器的种类很多，按照转换方法的不同分为 3 种：并行比较型（转换速度快，但精度不高）；双积分型（精度较高，抗干扰能力强，但转换速度慢）；逐次逼近型（精度高，转换速度较快）。下面介绍普遍使用的逐次逼近型 A/D 转换器。

7.2.1 逐次逼近型 A/D 转换器

如果用天平秤物体质量，例如用 4 个质量分别为 8g、4g、2g、1g 的砝码称量 13g 的物体，其称量过程如表 7-1 所示。

表 7-1 逐次逼近称物过程

顺序	砝码质量	比较判断	该砝码去留
1	8g	8g<13g	留
2	8g + 4g	12g<13g	留
3	8g + 4g + 2g	14g>13g	去
4	8g + 4g + 2g + 1g	13g = 13g	留

逐次逼近型 A/D 转换器的工作过程与上述称物过程十分相似。它一般由顺序脉冲分配器、逐次逼近寄存器、D/A 转换器和电压比较器等部分组成，其原理框图如图 7-5 所示。U_X 为待转换的模拟电压；U_O 是 D/A 转换器的输出电压，也是电压比较器的参考电压；寄存器保存模拟电压转换成的二进制数；转换过程按照时钟脉冲 CP 的节拍，由顺序脉冲分配器输出的顺序脉冲控制。

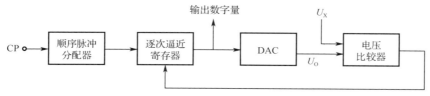

图 7-5　逐次逼近型 A/D 转换器原理框图

转换前先将寄存器清零。转换开始后，顺序脉冲首先将寄存器的最高位置 1，即 $d_{n-1} = 1$（其余各位为 0），经 D/A 转换器转换为相应的模拟电压 U_O，并送入比较器与 U_X 进行比较。若 $U_O > U_X$，说明数字量过大，将最高位的 1 除去，而将次高位置 1，即 $d_{n-2} = 1$；若 $U_O < U_X$，说明数字量过小，将这一位的 1 保留，并将次高位置 1。最高位比较完，再比较次高位。这样逐次比较下去，一直到最低位（即 d_0）为止。显然，寄存器中最后保留的 n 位数字量就是对应的输出数字量。

例如，有一个 4 位逐次逼近型 A/D 转换器，其中 D/A 转换器的参考电压 $U_{REF} = -8V$，现要将输入电压 $U_X = 5.52V$ 转换成数字量。假设输入电压 U_X 加在电压比较器的反相输入端，D/A 转换器的输出电压 U_O 加在电压比较器的同相输入端。

第一个脉冲 CP 到来时，使寄存器的最高位 d_3 置 1，其余位为 0，即寄存器状态 $d_3d_2d_1d_0 = 1000$，由式（7-2）得 D/A 转换器的输出电压：

$$U_O = -\frac{U_{REF}}{2^n}(d_{n-1} \cdot 2^{n-1} + d_{n-2} \cdot 2^{n-2} + \cdots + d_1 \cdot 2^1 + d_0 \cdot 2^0) = \frac{8}{16} \times (1 \times 8)V = 4V$$

因 $U_O < U_X$，比较器输出低电平，d_3 位置的 1 被保留。

第二个脉冲 CP 到来时，使寄存器的次高位 d_2 置 1，寄存器状态 $d_3d_2d_1d_0 = 1100$，由式（7-2）得 D/A 转换器的输出电压 $U_O = 6V$。因 $U_O > U_X$，比较器输出高电平，d_2 位置的 1 被取消，变为 0。

第三个脉冲 CP 到来时，d_1 置 1，寄存器状态 $d_3d_2d_1d_0 = 1010$，由式（7-2）得 D/A 转换器的输出电压 $U_O = 5V$。因 $U_O < U_X$，比较器输出低电平，d_1 位置的 1 被保留。

第四个脉冲 CP 到来时，d_0 置 1，寄存器状态 $d_3d_2d_1d_0 = 1011$，由式（7-2）得 D/A 转换器的输出电压 $U_O = 5.5V$。因 $U_O < U_X$，比较器输出低电平，d_0 位置的 1 被保留。

这样经过 4 个脉冲就完成了一次转换，将 5.52V 模拟电压转换为数字量 1011，转换误差为 0.02V。误差取决于转换器的位数，位数越多，误差越小。

若令 $U_O \approx U_X$，利用式（7-2）可直接计算得出数字量的结果为

$$\frac{U_O}{-\dfrac{U_{REF}}{2^n}} \approx \frac{U_X}{-\dfrac{U_{REF}}{2^n}} = \frac{5.52}{-\dfrac{-8}{2^4}} = (11)_{10} = (1011)_2$$

7.2.2 集成 A/D 转换器

目前一般多使用单片集成 ADC，其种类很多。下面介绍 CMOS 型 8 位逐次逼近型 A/D 转换器芯片 ADC0809。该芯片除了具有基本的 A/D 转换功能，内部还包括 8 路模拟输入通道，可实现 8 路信号的分时采集（在片内设置了 8 路模拟开关以及相应的通道地址锁存和译码电路），输出具有三态缓冲能力，能与单片机总线直接相连。ADC0809 共有 28 个引脚，引脚排列如图 7-6 所示。

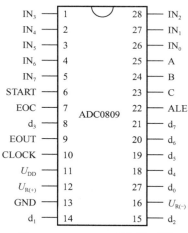

图 7-6 ADC0809 引脚排列图

各引脚的功能如下。

$IN_0 \sim IN_7$：8 路模拟信号输入端。由 8 选 1 选择器选择某一通道送往 A/D 转换器的电压比较器进行转换。

A、B、C：8 选 1 模拟量选择器的地址选择线输入端。输入的 3 个地址信号共有 8 种组合，以便选择相应的输入模拟量。选中通道与地址码的关系如表 7-2 所示。

ALE：地址锁存信号输入端，高电平有效。在该信号的上升沿将 A、B、C 三选择线的状态锁存，8 选 1 选择器开始工作。

$d_0 \sim d_7$：8 位数字量输出端。

EOUT：输出允许端，高电平有效。

CLOCK：外部时钟脉冲输入端，典型频率为 640kHz。

START：启动信号输入端。在该信号的上升沿将内部所有寄存器清零，在其下降沿使转换工作开始。

EOC：转换结束信号端，高电平有效。当转换结束时，EOC 从低电平转为高电平。

U_{DD}：电源端，电压为+5V。

GND：接地端。

$U_{R(+)}$、$U_{R(-)}$：正、负参考电压输入端。该电压值确定输入模拟量的电压范围。一般 $U_{R(+)}$ 接 U_{DD} 端，$U_{R(-)}$ 接 GND 端。当电源电压 U_{DD} 为+5V 时，模拟量的电压范围为 0～+5V。

表 7-2　8 选 1 模拟量选通表

C	B	A	输出（即选中模拟通道）
0	0	0	IN_0
0	0	1	IN_1
0	1	0	IN_2
0	1	1	IN_3
1	0	0	IN_4
1	0	1	IN_5
1	1	0	IN_6
1	1	1	IN_7

7.2.3　A/D 转换器的主要技术指标

（1）分辨率

以输出二进制数的位数表示分辨率，位数越多，误差越小，转换精度越高。n 位 ADC 能分辨出 $\dfrac{U_{IM}}{2^n}$，U_{IM} 为最大输入模拟电压。如 8 位 ADC，$U_{IM} = 5V$，则分辨率为 $\dfrac{5}{2^8} V = 19.5mV$。

（2）转换精度

转换精度指实际输出的数字量与理想的数字量之间的误差。一般用相对误差表示。

（3）转换速度

转换速度指完成一次转换所需的时间，即从接到转换控制信号开始，到输出端得到稳定的数字输出信号所经过的时间。采用不同的转换电路，其转换速度是不同的。并行比较型比逐次逼近型要快得多，双积分型速度最慢（但抗干扰能力强）。低速的 ADC 为 1～30ms，中速的约为 50μs，高速的约为 50ns。ADC0809 的转换速度为 100μs。

此外，还有电源电压抑制比、功率消耗、温度系数、输入模拟电压范围及输出数字信号的逻辑电平等指标，不再一一介绍。

本　章　小　结

1．D/A 转换将输入的数字量转换为与之成正比的模拟电量。常用的倒 T 形电阻网路 DAC 转换速度快、性能好，因而被广泛采用。

2．A/D 转换将输入的模拟电压转换为与之成正比的数字量。常用的逐次逼近型 ADC 转换速度较快、精度高，因而被广泛采用。

3．DAC 和 ADC 的分辨率和转换精度都与转换器的位数有关，位数越多，分辨率和转换精度越高。

习　　题

7-1　在图 7-3 所示的倒 T 形电阻网路 D/A 转换器中，设 $U_{REF} = -10V$，$R = R_F$，则输出

模拟电压 U_O 的最小单位为（　　），U_O 的最大值为（　　）。

U_O 的最小单位：A. 1V　　　　B. 0.625V　　C. −0.625V

U_O 的最大值：　A. 9.375V　　B. 10V　　　C. 5V

7-2　在图 7-3 所示的电路中，输出模拟电压的最小单位为 0.313V，当输入数字量为 1010 时，输出模拟电压为（　　）。

A. 3.13V　　　　　　B. −3.13V　　　　　　C. 4.7V

7-3　在倒 T 形电阻网路 D/A 转换器中，当输入数字量为 1 时，输出模拟电压为 4.885mV。而该转换器最大输出电压为 10V，则该 D/A 转换器是（　　）位的。

A. 10　　　　　　　B. 11　　　　　　　C. 12

7-4　已知 8 位 A/D 转换器的参考电压 $U_{REF} = -5V$，输入模拟电压 $U_X = 3.91V$，则输出数字量为（　　）。

A. 11001000　　　　B. 11001001　　　　C. 01001000

7-5　在图 7-3 所示的电路中，当 $d_3d_2d_1d_0 = 1010$ 时，试计算输出电压 U_O。设 $U_{REF} = 10V$，$R = R_F$。

7-6　8 位 D/A 转换器输入数字量为 00000001 时，输出电压为 −0.04V。试求输入数字量为 10000000 和 01101000 时的输出电压。

7-7　某 D/A 转换器的输出电压最小单位为 0.04V，最大输出电压为 10.2V。试求该转换器的分辨率及位数。

7-8　在 4 位逐次逼近型 A/D 转换器中，设 $U_{REF} = -10V$，$U_X = 8.2V$。试说明逐次逼近的过程和转换结果。

7-9　在逐次逼近型 A/D 转换器中，如果 8 位 D/A 转换器的最大输出电压为 9.945V。试分析当输入电压为 6.435V 时该 A/D 转换器输出的数字量为多少？

部分习题答案

1-18　（a）截止，$U_o = -12V$；（b）VD1 导通，VD2 截止，$U_o = 0$

1-19

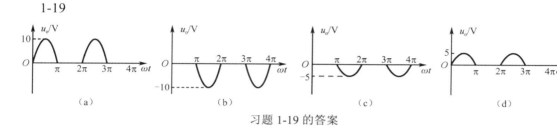

习题 1-19 的答案

1-20

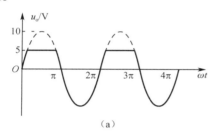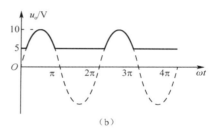

习题 1-20 的答案

1-21　（1）$V_Y = 0$，$I_R = 3.08mA$，$I_{VD1} = I_{VD2} = 1.54mA$；（2）$V_Y = 0$，$I_R = I_{VD2} = 3.08mA$，$I_{VD1} = 0$；（3）$V_Y = 3V$，$I_R \approx 2.3mA$，$I_{VD1} = I_{VD2} \approx 1.15mA$

1-22　$R = 360 \sim 1800\Omega$

1-23　$I_S = 2.02mA$

1-24

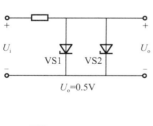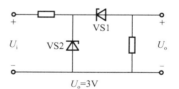

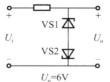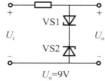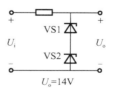

习题 1-24 的答案

1-25　（a）$I_E = 1.01mA$，NPN 型，$\overline{\beta} = 100$；（b）$I_C = 5mA$，PNP 型，$\overline{\beta} = 50$

1-26　（1）NPN 型，硅管，C、E、B；（2）PNP 型，锗管，C、B、E

1-27 （1）NPN 型，放大；（2）NPN 型，饱和；（3）PNP 型，截止

1-28 $U_{CE} \leqslant 10V$；$I_C \leqslant 16.67mA$

1-29 限流

1-30

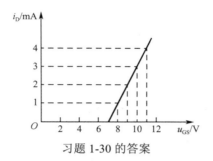

习题 1-30 的答案

1-31 （a）耗尽型，N 沟道，$U_{GS(off)} = -4V$；（b）耗尽型，P 沟道，$U_{GS(off)} = 3V$；（c）增强型，N 沟道，$U_{GS(th)} = 2V$

2-17 （1）$I_B \approx 50\mu A$，$I_C = 2mA$，$U_{CE} = 6V$；（3）$U_{C1} = 0.7V$，左负右正，$U_{C2} = 6V$，左正右负

2-18 （1）$A_{u0} = -163.7$；（2）$A_u = -109.1$；（3）$r_i \approx 0.733k\Omega$；（4）$r_o = 3k\Omega$；（5）$U_o = 1.09V$

2-19 （1）$I_B \approx 120\mu A$，$I_C = 4.8mA$，$U_{CE} = 2.4V$，饱和；（2）$I_B \approx 10.9\mu A$，$I_C = 0.436mA$，$U_{CE} = 11.1V$，截止；（3）$R_P = 60k\Omega$，放大

2-20 （a）不能，电源 $+U_{CC}$ 与 PNP 型晶体管不匹配；（b）不能，无集电极负载电阻 R_C；（c）不能，无交流基极偏置电阻；（d）不能，静态时无基极偏置电流

2-21 （1）$I_C \approx I_E = 1.5mA$，$I_B = 30\mu A$，$U_{CE} = 3V$；（2）$A_u = -92.3$，$r_i \approx 1.084k\Omega$，$r_o = 4k\Omega$

2-22 $A_{uS} = -48$，信号源内阻 R_S 使电压放大倍数下降，且 R_S 越大，A_{uS} 越小

2-23 （1）无变化；（3）$A_u = -0.97$，发射极电阻 R_E 使电压放大倍数下降，且 R_E 越大，A_u 越小；（4）$r_i = 13.1k\Omega$，$r_o = 4k\Omega$

2-24 （1）$I_C \approx I_E = 2.5mA$，$I_B = 50\mu A$，$U_{CE} = 5V$；（2）$A_u = -4.57$，$r_i \approx 6.0k\Omega$，$r_o = 2k\Omega$

2-25 （1）$I_D = 0.5mA$，$U_{GS} = -1V$，$U_{DS} = 10V$；（2）$A_u = -7.5$，$r_i = 1040.6k\Omega$，$r_o = 10k\Omega$

3-16 （1）$u_O = 2V$；（2）$u_O = -6V$；（3）$u_O = -14V$

3-17 $A_{uf} = -50$，$R_2 = 9.8k\Omega$，$u_O = -0.5V$

3-19 $i_O = \dfrac{U_S}{R}$，改变负载电阻 R_L 对 i_O 无影响

3-20 （1）$R_X = \dfrac{R}{2} u_O$；（2）$R = 0 \sim 10k\Omega$

3-21 （1）$u_O = \left(1 + \dfrac{R_F}{R_1}\right)\left(\dfrac{R_3}{R_2 + R_3} u_{I1} + \dfrac{R_2}{R_2 + R_3} u_{I2}\right)$；（2）$R_F = R_1$，$R_2 = R_3$；（3）$R_F = 3R_1$，$R_2 = R_3$；（4）$R_F = (2n-1)R_1$，$R_2 = R_3$

3-22 $u_O = 5.5V$

3-23 $u_O = \dfrac{R_F}{R_1} u_1$

3-24 $u_O = (1+K)(u_{I2} - u_{I1})$

3-25　$u_O = 10u_{I1} - 2u_{I2}$

3-26　$u_O = \left(1 + \dfrac{R_2}{R_1}\right)u_I + \dfrac{1}{R_1 C}\displaystyle\int u_I\,\mathrm{d}t$

3-27　$u_O = -\left[\left(\dfrac{R_F}{R_1} + \dfrac{C_1}{C_F}\right)u_I + R_F C_1\dfrac{\mathrm{d}u_1}{\mathrm{d}t} + \dfrac{1}{R_1 C_F}\displaystyle\int u_I\,\mathrm{d}t\right]$

3-28　$1 + AF = 11$，$A_f = 9.09$，A_f 的相对变化量是 $+1.54\%$ 和 -2.22%

3-29　（a）R_{F1}：并联电压负反馈；R_{F2}：并联电压负反馈；级间：串联电流负反馈；
（b）R_{F1}：串联电压负反馈；R_{F2}：并联电压负反馈；级间：并联电流负反馈

3-30

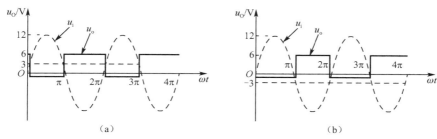

习题 3-30 的答案

4-8　$U_O = 6.363\text{V}$，$I_D = 63.6\text{mA}$，$U_{DRM} = 20\text{V}$

4-9　$K \approx 20:11$，$S = 270.8\text{V·A}$，$I_D = 1\text{A}$，$U_{DRM} = 172.5\text{V}$

4-10　$U_2 = 40\text{V}$，$I_D = 0.9\text{A}$，$U_{DRM} = 56.56\text{V}$

4-11　$U_O = 18\text{V}$，$I_D = 0.18\text{A}$，$U_{DRM} = 21.21\text{V}$，$C \geqslant (600 \sim 1000)\mu\text{F}$

4-12　$U_2 = 33.33\text{V}$，$I_D = 60\text{mA}$，$U_{DRM} = 47.13\text{V}$，$C \geqslant (90 \sim 150)\mu\text{F}$

4-13　$U_O = 6\text{V}$

4-14　（2）$R = 600\Omega$；（3）$I_D = 10\text{mA}$，$U_{DRM} = 21.21\text{V}$

4-15　$U_S = 10\text{V}$，$I_{SM} = 30\text{mA}$，$R = 437.5\Omega$

4-16　$U_O = 74.25\text{V}$，$I_O = 7.425\text{A}$

4-17　$U_2 = 66.7\text{V}$，$I_T = I_D = 5\text{A}$，$U_{FM} = U_{RM} = U_{DRM} = 94.3\text{V}$

5-7

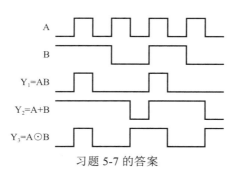

习题 5-7 的答案

5-8　（1）$Y = \overline{A}B + A\overline{B}$；（2）$Y = A + BCD$；（3）$Y = AB + \overline{A}C$；（4）$Y = \overline{AB}$

5-10　（1）$Y = A\overline{B} + \overline{A}B + B\overline{C} + \overline{B}C = A\overline{B} + B\overline{C} + C\overline{A}$；
　　　（2）$Y = \overline{A}\overline{B}C + A\overline{B}\overline{C} + A\overline{B}C + ABC = A\overline{B} + \overline{B}C + AC$；

（3）　$Y = A + \overline{A}B + \overline{A}\overline{B}C + \overline{A}\overline{B}\overline{C}D = A + B + C + D$；

（4）　$Y = \overline{A}\overline{C} + AC + A\overline{B}C\overline{D} + \overline{A}B\overline{C}D = \overline{A}\overline{C} + AC + \overline{B}\overline{D}$

5-11　$Y = \overline{\overline{AB} \cdot \overline{C + D}} = \overline{A}\overline{B} + C + D$

5-12　（1）

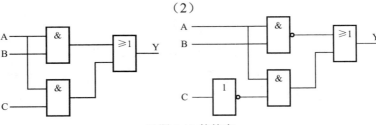

（2）

习题 5-12 的答案

5-13　（1）

（2）

习题 5-13 的答案

5-14　电路具有异或门的逻辑功能，$Y = A \oplus B$。

5-15　电路具有同或门的逻辑功能，$Y = A \odot B$。

5-16　$Y = \overline{A}\overline{B} + AB = A \odot B$

5-17　半加器的逻辑电路如图（a）所示，逻辑符号如图（b）所示。

（a）逻辑电路　　　　　　　　　　　（b）逻辑符号

习题 5-17 的答案

5-18　（2）$Y = AB + AC = \overline{\overline{AB + AC}} = \overline{\overline{AB} \cdot \overline{AC}}$；

（3）

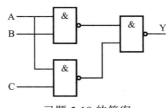

习题 5-18 的答案

5-19　（3）$Y = \overline{A} + \overline{B}\overline{C}$；

（4）

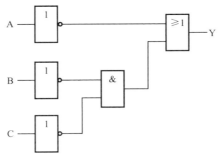

习题 5-19 的答案

5-20 （1）A3～A0 = 1001；（2）a～g 的值为 1111011

6-12

习题 6-12 的答案

6-13

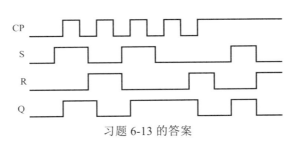

习题 6-13 的答案

6-14

习题 6-14 的答案

6-15

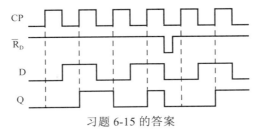

习题 6-15 的答案

6-16

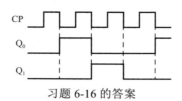

习题 6-16 的答案

6-17

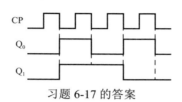

习题 6-17 的答案

6-18

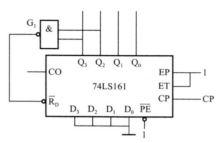

习题 6-18 的答案

6-19

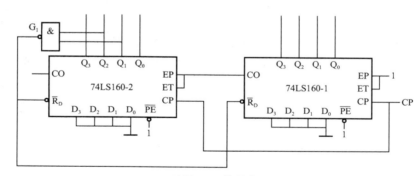

习题 6-19 的答案

6-20

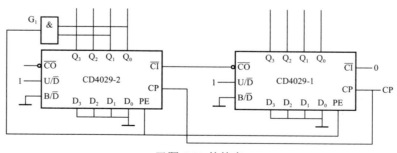

习题 6-20 的答案

6-21

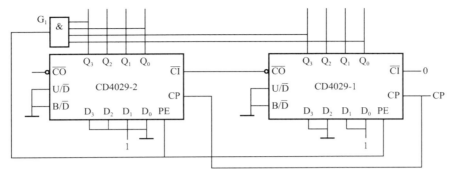

习题 6-21 的答案

7-5 $U_O = -6.25V$

7-6 $U_O = -5.12V$；$U_O = -4.16V$

7-7   分辨率为 0.00392，8 位

7-8   1101

7-9   10100101

参 考 文 献

[1] 秦曾煌. 电工学·电子技术（下册）[M]. 7 版. 北京：高等教育出版社，2009.
[2] 唐　介. 电工学（少学时）[M]. 3 版. 北京：高等教育出版社，2009.
[3] 吴延荣，王克河，曲怀敬，等. 电工学 [M]. 北京：中国电力出版社，2012.
[4] 李喜武. 电工与电子技术（下册）[M]. 北京：北京航空航天大学出版社，2011.
[5] 刘润华. 电工电子学[M]. 3 版. 东营：中国石油大学出版社，2015.
[6] 董传岱. 电工学（电子技术）[M]. 7 版. 北京：机械工业出版社，2013.
[7] 艾永乐. 电工学（下册）[M]. 北京：机械工业出版社，2012.
[8] 顾伟驷. 现代电工学 [M]. 3 版. 北京：科学出版社，2015.
[9] 荣雅君. 电子技术（非电类）[M]. 3 版. 北京：机械工业出版社，2015.
[10] 徐淑华. 电工电子技术[M]. 3 版. 北京：电子工业出版社，2013.
[11] 李自勤. 电工学（下册）[M]. 北京：电子工业出版社，2015.
[12] 康华光. 电子技术基础[M]. 5 版. 北京：高等教育出版社，2005.
[13] 李光. 电工电子学[M]. 北京：北京交通大学出版社，2015.